Ernesto Colás
Bernat Mir
David Solà

Digitalização das eleições eleitorais através da tecnologia IoT

Ernesto Colás
Bernat Mir
David Solà

Digitalização das eleições eleitorais através da tecnologia IoT

Digital Polls s.l.

ScienciaScripts

Imprint

Any brand names and product names mentioned in this book are subject to trademark, brand or patent protection and are trademarks or registered trademarks of their respective holders. The use of brand names, product names, common names, trade names, product descriptions etc. even without a particular marking in this work is in no way to be construed to mean that such names may be regarded as unrestricted in respect of trademark and brand protection legislation and could thus be used by anyone.

Cover image: www.ingimage.com

This book is a translation from the original published under ISBN 978-620-0-01757-4.

Publisher:
Sciencia Scripts
is a trademark of
Dodo Books Indian Ocean Ltd. and OmniScriptum S.R.L publishing group

120 High Road, East Finchley, London, N2 9ED, United Kingdom
Str. Armeneasca 28/1, office 1, Chisinau MD-2012, Republic of Moldova, Europe
Printed at: see last page
ISBN: 978-620-7-38594-2

Digitalização das eleições
Eleições com recurso à tecnologia IoT (
Digital Polls s.l.)

AUTORES: Ernesto Colas Lanuza, David Sola Sole, Bernat Mir Masnou

DATA: 4 de outubro de 2018

Resumo

Vivemos numa época em que a transformação digital é a palavra de ordem. No entanto, algumas instituições recusam-se a dar o passo seguinte e continuam a aplicar procedimentos antiquados. A administração pública, e a votação em particular, é um exemplo claro de uma instituição que continua a aplicar os seus processos de forma arcaica.

Atualmente, há três pessoas na mesa de voto: o presidente da mesa de voto e dois membros do Conselho de Administração. A sua principal tarefa é dirigir a votação, controlar o processo de votação e contar os votos.

O objetivo deste trabalho é fornecer uma solução tecnológica viável para o processo de autenticação de pessoas numa assembleia de voto, incorporando um processo de transformação digital que reduza as filas de espera e o erro humano.

Este documento apresenta uma introdução ao estado da arte da votação, a especificação da solução e a forma como foi desenvolvida. Explica os componentes de hardware e software utilizados para implementar a solução, bem como os resultados obtidos. Finalmente, apresenta um modelo de negócio para a realização deste projeto e as conclusões, incluindo direcções futuras e as contribuições individuais de cada componente do grupo.

Resumo

Vivemos numa época em que a transformação digital é a palavra de ordem. No entanto, algumas instituições não querem dar o passo seguinte. Um exemplo de uma instituição que segue os processos da forma arcaica é a administração pública, e isto no domínio das sondagens de opinião.

Atualmente, na mesa de votação sentam-se três pessoas: o presidente da mesa e dois membros. O principal papel destas pessoas é dirigir o processo de votação, controlar o desenvolvimento e realizar o trabalho e o controlo.

O objetivo deste trabalho é fornecer uma solução viável para o processo de autenticação de pessoas durante o exercício de votação, incorporando um processo de transformação digital que reduza as filas de espera e responda aos erros causados pelo fator humano.

Este documento fornece uma introdução ao estado da arte na votação, a especificação da solução e como foi desenvolvida. Explicamos os componentes, tanto de hardware como de software, que foram utilizados para alcançar a solução e os resultados. Finalmente, apresentamos um modelo de negócio para a realização deste projeto e as conclusões finais.

1. Introdução

1.1. O que é a "Internet das Coisas"?

A "Internet das Coisas" (IoT) *começa* agora a afirmar-se como uma das tendências com maior impacto esperado no futuro, tanto a nível profissional como não profissional. É um conceito que pode influenciar não só a forma como vivemos, mas também a forma como trabalhamos. Em suma, é a ligação digital de objectos do quotidiano à Internet.

Em 2009, o professor do MIT Kevin Ashton utilizou o termo "Internet das Coisas" publicamente pela primeira vez na revista especializada RFID e, desde então, o crescimento e as expectativas em torno do termo começaram a aumentar. No entanto, observou que o termo já era utilizado nos círculos internos de investigação desde 1999.

Uma "coisa" no contexto da IoT pode ser um telemóvel, uma máquina de café, auscultadores, uma lâmpada, uma ficha, uma máquina de lavar roupa e praticamente tudo o que se possa imaginar. O conceito também se aplica a componentes de máquinas, como o sistema de travagem de um automóvel ou uma fresadora. Estima-se que, em 2020, haverá cerca de 50,1 mil milhões de dispositivos ligados, em comparação com os 34,8 mil milhões que temos atualmente. A IoT é uma rede gigantesca de "coisas" interligadas (da qual o ser humano faz parte). Haverá relações entre pessoas, pessoas-coisas e coisas-coisas, sendo estas últimas as mais desenvolvidas.

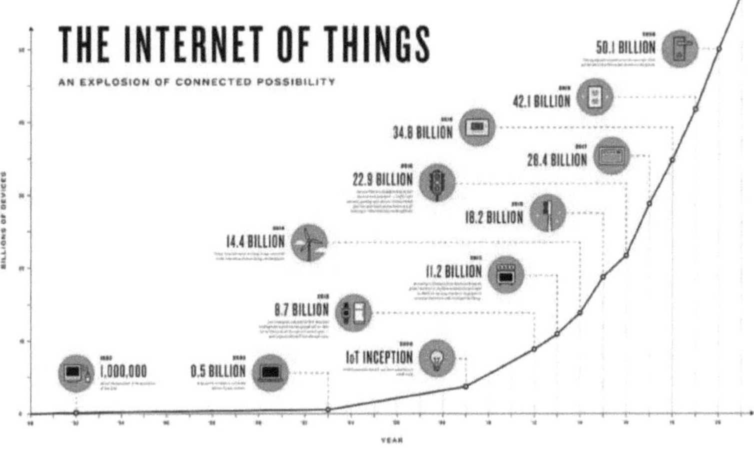

Fig. 1-I: Evolução da IoT ao longo dos anos [1].

1.2. Objectivos

O objetivo final deste projeto de mestrado é automatizar o processo de autenticação (ou verificação) dos eleitores durante uma eleição.

O nosso objetivo ao resolver este projeto é reduzir ao máximo o tempo de espera nas filas de espera e o fator de erro humano no controlo dos eleitores. Após o encerramento das urnas. Todos os dados recolhidos durante o dia do escrutínio podem ser partilhados para obter informações relevantes para melhorar a gestão dos recursos pelos municípios (decidir o número de mesas de voto para cada assembleia de voto, observar as tendências de afluência às urnas para conseguir um melhor equilíbrio de carga nas horas de ponta, etc.).

A nível pessoal, consideramos muito interessante e útil ter um contacto mais próximo com as tecnologias ligadas ao mundo da Internet das coisas.

2. Situação atual

Em 2012, o furacão Sandy atingiu a costa leste dos Estados Unidos com toda a força e estava previsto para o dia das eleições presidenciais americanas. As chuvas torrenciais, os ventos fortes e as inundações colocaram sérios desafios às autoridades eleitorais. Estes incluíram cortes de eletricidade, inundações e tempestades de neve que podem ter impedido a votação em vários estados.

Assim, o voto eletrónico foi autorizado a título excecional, embora de forma pontual. Era possível descarregar um boletim de voto em formato digital, preenchê-lo e enviá-lo por correio eletrónico ou fax.

Esta solução coloca inúmeros problemas de segurança, o que explica o facto de a grande maioria dos países ainda utilizar o modelo de voto físico.

2.1. Votação física e eletrónica

O voto físico existe há centenas de anos e, durante esse tempo, todos os métodos concebíveis de fraude eleitoral foram testados nele, que continua a ser defendido atualmente. A sua principal vantagem é o facto de os ataques a este sistema de votação não serem facilmente escaláveis. É preciso muito esforço e muita gente, e basta uma pessoa para descobrir a fraude.

No caso do voto eletrónico, o ataque pode ser efectuado por uma única pessoa, e o esforço necessário para manipular um voto é o mesmo que manipular um milhão de votos. Este ataque pode ser efectuado sem sequer estar no país onde se realizam as eleições a manipular.

2.2. Elementos-chave da votação

Há dois aspectos fundamentais numa eleição. O primeiro é o anonimato. Se um voto puder ser identificado de alguma forma, seja através de uma assinatura, de um nome ou de qualquer outra coisa que prove a forma como se votou, o voto é rejeitado para que a pessoa não possa ser identificada para a forçar ou subornar a votar de uma determinada forma. O voto é guardado num envelope selado que é aberto à frente de todos os agentes eleitorais envolvidos na contagem dos resultados. Desta forma, pode ter a certeza de que o seu voto foi tido em conta, mesmo sabendo que não o voltará a ver.

A segunda parte é a confiança. Nunca se pode confiar numa só pessoa, de preferência nem mesmo num pequeno grupo de duas ou três. As pessoas podem ser subornadas, ameaçadas ou cometer um erro humano.

3. Especificação da solução

Tal como referido nos parágrafos anteriores, o objetivo deste projeto é racionalizar o atual sistema eleitoral e reduzir os custos associados. O principal objetivo é, portanto, tornar a votação rápida e fácil, tanto para os cidadãos com direito de voto como para os funcionários das mesas de voto.

Os principais componentes da solução são

- Leitor RFID
- Sensor de impressões digitais
- Microcontroladores para gestão de componentes
- Servidor com base de dados

Os passos a seguir para uma votação com a nossa solução são os seguintes:

- Fase 0: Os eleitores recebem um cartão NFC no qual todos os seus dados são armazenados de forma confidencial. Este cartão, tal como o bilhete de identidade, é pessoal e intransmissível. O cartão pode ser obtido junto de qualquer autoridade pública.

- Quando o eleitor chega à sua mesa, apresenta o seu cartão NFC ao leitor RFID. O leitor lê os dados associados ao eleitor e envia-os para o sensor de impressões digitais.

- Quando os dados chegam ao sensor de impressões digitais, são temporariamente carregados na memória flash. O eleitor regista então a sua impressão digital duas vezes no sensor: a primeira vez para criar uma imagem da impressão digital captada e a segunda para verificar se são idênticas.

  Uma vez introduzida a impressão digital e verificada a correspondência entre a impressão digital introduzida e a recebida pelo leitor RFID, esta é enviada para o servidor local instalado na escola.

- A fase final é a verificação no servidor local. Assim que os dados do eleitor chegam do sensor de impressões digitais, a base de dados verifica se os dados recebidos estão disponíveis e se o eleitor pode votar. Se os dados não forem encontrados, ou se o eleitor já tiver votado, é apresentada uma mensagem no ecrã do servidor.

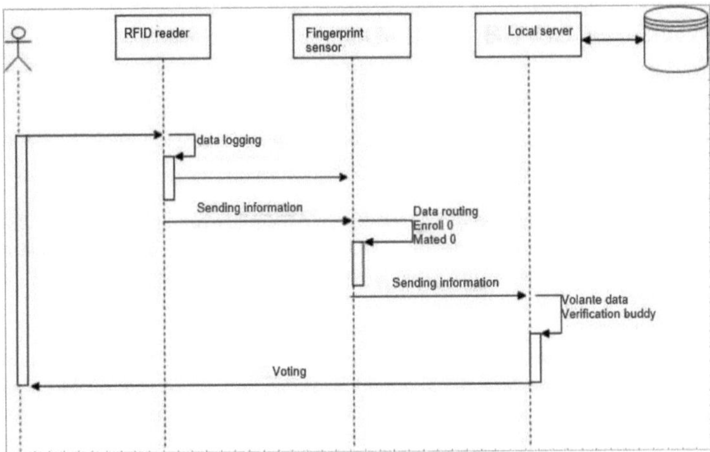

- Fig. 3-I: Calendário do projeto

4. Conceção da solução

Esta secção explica as opções disponíveis no mercado para este projeto e a razão pela qual escolhemos estes componentes.

Para o leitor de cartões, escolhemos o PN532. Este módulo económico (cerca de 25 euros) permite-nos ler e escrever em etiquetas RFID. Para controlar este dispositivo, utilizámos o microcontrolador ARDUINO Uno, que permite uma fácil integração entre os dois componentes.

Para o sensor de impressões digitais, existe uma grande variedade de componentes no mercado, por exemplo, da Adafruit [3] por 49,95 euros, da Digi-Key por 43,44 euros [4] ou da Kookye [5] por 29,99 euros. Das muitas opções disponíveis, optámos pelo dispositivo Kookye, tendo em conta os aspectos económicos e logísticos e o facto de não necessitarmos de uma grande memória flash para a nossa aplicação. Este componente é compatível com o da Adafruit, o que significa que podemos tirar partido da grande comunidade de programadores da Adafruit. Para alimentar este sensor, precisamos de 5V, por isso escolhemos o microcontrolador Arduino para alimentar este componente, o que nos permite utilizar as bibliotecas da Adafruit de uma forma simples.

Para gerir todo o sistema de votação, optámos pela placa informática de baixo custo por excelência: Raspberry Pi 3 Model B. Esta placa permite-nos ligar à Internet via Wi-Fi, instalar uma base de dados e gerir o controlo da votação a partir da placa.

Fig. 4-I: Solução completa

Foram seleccionados os seguintes métodos para a comunicação entre componentes:

- Comunicação entre o leitor RFID e o sensor de impressões digitais: dado que estes elementos estão muito próximos um do outro e que não é necessário transmitir muitos dados para esta prova de conceito, optámos por uma transmissão de dados em série.

- Comunicação entre o sensor de impressões digitais e o servidor local: Para esta comunicação, e dado que os elementos podem não estar muito próximos uns dos outros, foi escolhido o protocolo de mensagens MQTT. Um problema poderia ser a ligação à Internet, mas partiu-se do princípio de que a Internet estava disponível em todas as mesas de voto.

Neste caso, o servidor local actua como intermediário e cliente, aguardando a chegada de mensagens para cada tópico em que está inscrito. Quando o controlador do sensor de impressões digitais envia mensagens para esse tópico e estas são recebidas pelo servidor local, este efectua as verificações necessárias na base de dados e permite que o eleitor vote se todas as verificações tiverem sido concluídas com êxito.

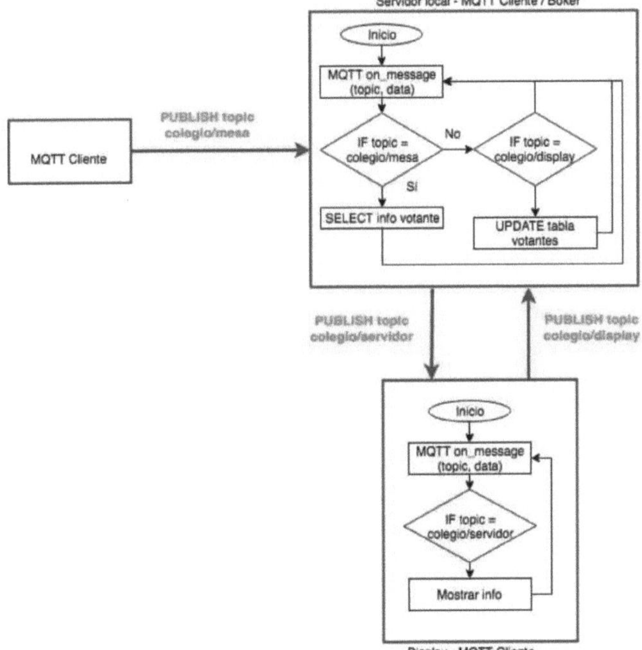

Fig. 4-II: Fluxo de comunicação MQTT entre o sensor de impressões digitais e o servidor local

5. Componentes da solução

Esta secção explica os componentes de hardware e software utilizados no desenvolvimento deste projeto. A parte do hardware é explicada :

- PN532: Módulo RFID para leitura de etiquetas MIFARE.

- O sistema Arduino: São utilizados dois microcontroladores Arduino Uno. O primeiro microcontrolador é responsável pela gestão do sensor de impressões digitais e pela transmissão do resultado da correspondência de impressões digitais para o servidor de dados utilizando o protocolo MQTT, que está ligado à Internet através de uma proteção Ethernet. O segundo é responsável pela gestão do módulo PN532.

- Sensor de impressões digitais: o dispositivo utilizado para comparar diferentes padrões de impressões digitais.

- Raspberry Pi: uma placa que actua como servidor local e fornece as funções de base de dados da solução. Além disso, a parte do ecrã pode ser integrada com outro Raspberry Pi e um ecrã TFT.

- Arduino IDE: ambiente de desenvolvimento.

- Bibliotecas: são listadas as bibliotecas utilizadas para este projeto.

5.1. Equipamento informático

5.1.1. PN532

O módulo PN532 foi utilizado para a leitura RFID. Este dispositivo comunica via SPI, permitindo uma fácil integração com o microcontrolador Arduino Uno. Este módulo permite-nos ler um cartão RFID, processá-lo e enviá-lo para o sensor de impressões digitais.

Fig. 5-I : Leitor de cartões RFID PN532

Para trabalhar com este módulo, é necessária a biblioteca PN532. Esta biblioteca é explicada mais adiante nesta secção, na secção dedicada às bibliotecas utilizadas.

5.1.2. Cartão NFC

Foi utilizado um cartão MIFARE Classic para armazenar os dados dos eleitores. Estes cartões permitem-nos armazenar informações sobre os eleitores e são compatíveis com o leitor PN532 utilizado para ler e escrever nos cartões.

Figura 5-II: Cartão MIFARE Classic NFC

5.1.3. Arduino

O Arduino [8] é uma plataforma de hardware gratuita que contém uma placa de circuito impresso com um microcontrolador, normalmente um Atmel, entradas e saídas analógicas e digitais e todos os componentes necessários para o seu funcionamento.
O Arduino é uma ferramenta muito popular, tanto para o desenvolvimento de soluções de LoT como para o ensino e a auto-aprendizagem.

A primeira placa foi lançada em 2005 para ajudar os estudantes sem conhecimentos prévios de eletrónica ou programação a criar protótipos funcionais para ligar os mundos físico e digital. Atualmente, é provavelmente o projeto de hardware livre mais conhecido e, desde então, tornou-se uma referência para o desenvolvimento de projectos que requerem prototipagem rápida.

É importante saber que, sob esta nomenclatura, existe uma grande variedade de placas com características diferentes.

Para este projeto, foi decidido utilizar um Arduino Uno, uma vez que permite uma fácil integração com o sensor de impressões digitais.

Fig. 5-III: Arduino Uno

As principais funções deste Arduino são as seguintes

Microcontrolador	Atmega328
Tensão de funcionamento	**5V**
Tensão de entrada (recomendada)	7- 12V
Tensão de entrada (valor limite)	6-20V
Pinos para entrada/saída digital.	14 (6 podem ser utilizados coro saída PWM)
Pinos de entrada analógica.	6
Corrente contínua por pino IO	40 mA
Corrente contínua no pino 3.3V	50 mA
Memória flash	32 KB (0,5 KB ocupados pelo carregador de arranque)
SRAM	2KB
EEPROM	1 KO
Frequência do relógio	**16 MHz**

5.1.3.1. Ecrã Ethernet

Para estabelecer a ligação entre o sensor de impressões digitais e o servidor local, foi escolhido o protocolo de comunicação MQTT. É necessária uma ligação à Internet para estabelecer uma ligação MQTT.

O Arduino Uno (*autónomo*) não tem um chip Wi-Fi nem uma porta RJ45. Optámos pela solução de utilizar uma shield Ethernet para permitir que o Arduino se ligue à Internet e ao *broker MQTT*.

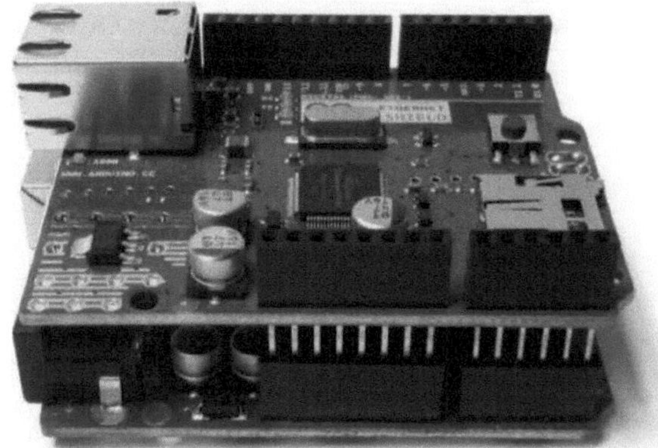

Fig. 5-IV: Escudo Ethernet montado num Arduino Uno
A escolha recaiu sobre um shield Ethernet da HanRun. A placa está equipada com um controlador Wiznet W5100 que a liga à rede e permite a utilização dos protocolos TCP e UDP/IP.

5.1.4. Sensor de impressões digitais

Foi escolhido um sensor do fabricante Kookye para a autenticação dos eleitores por impressão digital.

Fig. 5-V: Sensor de impressões digitais

O processamento das impressões digitais com este sensor efectua-se em duas fases: inscrição no sensor e comparação da impressão digital, que pode ser 1:1 ou 1:N. Durante o registo, o utilizador tem de introduzir a sua impressão digital duas vezes. O sistema processa as duas imagens e cria um modelo de impressão digital com base nos resultados do processamento.

Os principais parâmetros do sensor são os seguintes [6] :

Eletricidade	DC 3,8V - 7,0V
Área	UART (nível lógico TTL)
Velocidade de transmissão	9600 bps
Tamanho da palmilha	512 bytes

No que diz respeito à interface de hardware e à comunicação em série, é constituída por 6 pinos com as seguintes características

# Pin	Nome	Tipo	Descrição
1	Vtouch	em	Consumo de energia por indução
2	Sul	de	Sinal de saída indutivo
3	Vinho	em	Potência de entrada
4	TD	de	Saída de dados (TTL)
5	RD	em	Entrada de dados (TTL)
6	GND	-	Terra

Fig. 5-VI: Pinos disponíveis no sensor de impressões digitais

5.1.5. Raspberry Pi

O Raspberry Pi é uma placa de computador de baixo custo (SBC) desenvolvida no Reino Unido pela Fundação Raspberry Pi para promover a educação informática entre os jovens.

Nos últimos anos, tem sido muito bem recebido em todo o mundo, levando a fundação a desenvolver novos modelos e novas versões que melhoram os modelos anteriores.

Para este projeto, utilizámos o Raspberry Pi 3 Model B Rev 1.2[1] , que tem as seguintes características:

- Broadcom BCM2837, processador SoC Cortex-A53 (ARMv8) de 64 bits e 1,2 GHz
- 1 GB de memória LPDDR2 SDRAM
- IEEE 802.11.b/g/n a 2,4Ghz (Wi-Fi) e Bluetooth 4.1
- Fast Ethernet 10/100 Gbit/s

- GPIO de 40 pinos
- Saída HDMI
- 4 portas USB 2.0
- Micro SD
- Micro USB (fonte de alimentação)
- Preço aproximado de 35 euros

Fig. 5-VII: Raspberry Pi 3 modelo B

Devido ao design do cartão, o sistema operativo (SO) não é armazenado num disco rígido ou numa unidade de estado sólido (SSD), mas sim num cartão micro-SD com uma capacidade mínima exigida de 2 GB. No entanto, por razões de eficiência, recomendamos a utilização de um cartão de, pelo menos, 4 GB.

O Raspberry Pi vem sem uma unidade de memória (Micro SD), por isso precisamos de arranjar uma e instalar uma distribuição Linux. Existem várias opções, tais como Raspbian, Arch Linux, Pidora, RaspBMC, Windows Iot Core, FreeBSD, Kali Linux, etc. Para efeitos deste projeto, o sistema operativo utilizado é o Rasbian GNU/Linux versão 9[2] .

Uma novidade interessante em relação às versões anteriores é a integração de uma antena Wi-Fi, pelo que já não é necessário utilizar uma porta USB exclusivamente para uma antena externa.

Se vimos no parágrafo anterior que o Arduino era uma referência no mundo do hardware livre para microcontroladores, o Raspberry Pi é o seu análogo no domínio dos microprocessadores, com a importante vantagem de ter por detrás uma grande comunidade

---

[1] Para verificar o modelo do Raspberry Pi através do terminal, pode utilizar o comando `cat /sys/firmware/devicetree/base/model`

[2] Para verificar a versão do sistema operativo instalado, utilize o comando de terminal `cat /etc/os- release`

que o apoia.

O seu pequeno tamanho, o baixo consumo médio de energia de cerca de 2,5 W e a antena Wi-Fi integrada tornam-no uma solução atractiva como servidor local para a nossa solução.

5.2 Software

5.2.1. Arduino-IDE

O Arduino IDE (*ambiente de desenvolvimento integrado*) foi utilizado para desenvolver a solução para o sensor de impressões digitais e o leitor RFID.

O Arduino IDE é um ambiente de desenvolvimento utilizado para programar as várias placas Arduino. O código fonte é desenvolvido sob a Licença Pública Geral GNU. Este ambiente suporta as linguagens C e C++. O ambiente inclui uma biblioteca de software chamada Wiring, que fornece uma série de métodos comuns de entrada e saída. O código requer apenas duas funções básicas:

- setup() : Esta função é executada assim que o código é carregado na placa Arduino. Esta função é executada uma vez e apenas uma vez.
- loop(): é o ciclo principal do programa. Esta função é executada ciclicamente no mapa até ao infinito.

O Arduino IDE utiliza o programa avrdude para converter o código executável num ficheiro de texto codificado em hexadecimal que é carregado na placa Arduino e no firmware.

6.   Verificação de soluções e resultados

Esta secção apresenta os principais problemas e resultados obtidos no decurso deste projeto.

No que diz respeito ao leitor de cartões, optámos inicialmente pelo leitor RC522, de baixo custo. Infelizmente, este leitor não conseguia ler todos os blocos da etiqueta MIFARE, pelo que experimentámos outro leitor, o PN532. Felizmente, este leitor permitiu-nos ler todos os blocos de um cartão MIFARE Classic e também pudemos escrever no cartão.

No que diz respeito ao sensor de impressões digitais, o próprio fabricante não oferece a opção de carregar um modelo no sensor. Por este motivo, foi necessário modificar a biblioteca para obter estes resultados. Este sensor tem dois buffers nos quais os dados podem ser armazenados. Assim, armazenámos os dados da impressão digital num buffer, enquanto executávamos toda a lógica necessária para criar o modelo/mock-up do eleitor no outro. Outro problema com que nos deparámos ao carregar o modelo no sensor foi o facto de este não devolver uma deteção ao enviar os dados, pelo que não tínhamos a certeza de que o pacote contendo os 512 bytes de dados do modelo tivesse chegado e sido armazenado corretamente. Para resolver este problema, introduzimos um atraso entre o envio de cada string para garantir que tinha tempo suficiente para ser armazenada na memória.

Desta forma, criámos um protótipo estável que nos permite simular a votação assistida por computador de forma rápida e segura. Siga esta ligação para ver como votar utilizando a nossa solução. No entanto, se o eleitor já tiver votado, este é o resultado.

7. Modelo de negócio

A definição de um modelo de negócio é complicada e tem muitas variações. A definição clássica é que é "o plano antes do plano de negócios, que determina o que vai oferecer ao mercado, como o vai fazer, quem será o grupo-alvo, como vai vender o produto ou serviço e como vai gerar rendimentos".

Em suma, trata-se de pôr por escrito a forma como se pretende criar, desenvolver e captar valor. Uma pequena visão do que a start-up pode ser no futuro e os diferentes aspectos sobre os quais toda a empresa será construída. É como os pilares de um edifício, que são o edifício da sua empresa e esses pilares são o próprio modelo.

É importante notar que o modelo de negócio não se resume à origem das receitas. Ganhar dinheiro é uma consequência de todo o processo, em que se sabe o que está a ser oferecido, como está a ser feito, quem é o grupo-alvo, etc.

7.1. Modelo de negócio

O Business Model Canvas é o modelo de negócio mais popular do mundo. Desde que os seus criadores, Alexander Osterwalder e Yves Pigneur, publicaram o livro que deu o nome ao canvas, este tornou-se um modelo de negócio utilizado por quase todas as novas empresas e popular em concursos como o Startup Weekends.

Trata-se de uma ferramenta composta por diferentes secções que abrangem todos os aspectos fundamentais de uma empresa, desde os segmentos de clientes aos principais parceiros e à estrutura de custos. Em geral, segue a definição do modelo empresarial e tenta captar num único local a forma como o valor da sua empresa em fase de arranque é criado, entregue e registado.

E em que consiste cada uma das 9 secções do Business Model Canvas?

- **Segmentos de clientes**: Segmentação do mercado ou grupo de pessoas a quem queremos vender o nosso produto ou serviço. Os grupos-alvo podem ser agrupados de acordo com as necessidades, os canais, as relações ou as ofertas. Alguns exemplos de segmentos são: mercado de massas (muito vasto), nicho de mercado (muito específico), diversificado (grupos-alvo muito diferentes) ou multisegmento (dependente de vários clientes ao mesmo tempo).

  No nosso caso: criamos valor acrescentado para o governo em causa, porque damos mais credibilidade aos resultados eleitorais. Criamos valor acrescentado para as empresas de consultoria responsáveis pela logística eleitoral, porque reduzimos os custos estruturais envolvidos.

- **Proposta de valor**: Características e benefícios responsáveis pela criação de valor em cada um destes segmentos. Nesta secção, deve explicar o que oferece aos seus clientes e por que razão eles o comprarão. Algumas das características desta oferta podem ser a novidade, o desempenho, a personalização, o design ou o preço.

No nosso caso: votação com autenticação através de um cartão que contém uma impressão digital e reconhecimento da impressão digital no local. Aumento da segurança da autenticação e redução radical das possibilidades de fraude. Redução da estrutura necessária para organizar a votação.

- **Canais**: Os meios através dos quais comunica e entrega a sua promessa de valor ao cliente. Podem ser os seus próprios canais (canais de parceiros) ou canais externos, directos ou indirectos, divididos em 5 fases (sensibilização, avaliação, compra, entrega e pós-venda).

  No nosso caso: os canais passarão por parceiros/empresas com ligações ao governo em causa. Estes parceiros conhecem a fundo as empresas responsáveis pela logística do voto.

- **Relação com o cliente:** tipo de relação entre a empresa em fase de arranque e o cliente. Pode ser de assistência pessoal, de autosserviço ou automatizada (uma mistura de ambas).

  No nosso caso: suporte técnico permanente da solução: atualização da solução através da melhoria contínua. Contacto permanente com clientes e parceiros para nos mantermos como uma referência para eles.

- **Fonte de rendimento**: De onde virá o dinheiro? Como é que os lucros serão gerados? Alguns modelos de receitas podem ser vendas directas pontuais, pagamento por utilização ou subscrições.

  No nosso caso: logicamente, os nossos clientes. Eles pagam para otimizar o custo das férias e melhorar a precisão do processo. Os nossos clientes finais são os governos dos diferentes territórios.

- **Recursos-chave**: os recursos mais importantes para o funcionamento de todas as medidas acima referidas. Podem ser físicos (veículos, edifícios, etc.), intelectuais (patentes, direitos de autor, etc.), humanos (peritos-chave, colaboradores altamente valorizados, etc.) ou financeiros (dinheiro, crédito, etc.).

  No nosso caso: para desenvolver a solução, uma equipa de engenheiros e designers. A escolha dos nossos parceiros é fundamental para encontrar os nossos potenciais clientes, consultores responsáveis pela escolha da logística de uma zona.

- **Actividades-chave**: Se existem recursos-chave, também devem existir actividades-chave. Quais são as actividades sem as quais a sua empresa desaparecerá? Será a produção? São as soluções individuais para os problemas? Uma plataforma sobre a qual toda a empresa trabalha?

  No nosso caso: vender a patente da nossa solução aos nossos clientes locais. A procura de empresas-chave em cada região é muito importante. Produção de um protótipo para demonstração a futuros clientes.

- **Parceiros-chave**: empregados e pessoas que são essenciais para o arranque e funcionamento da empresa. E porque é que procura estes parceiros-chave? Porque quer otimizar os recursos (contratar fornecedores), reduzir os riscos através de alianças estratégicas e adquirir recursos e actividades de que não dispõe na sua própria empresa.

  <u>No nosso caso</u>: os nossos clientes são as empresas de consultoria responsáveis pelos sistemas logísticos e eleitorais de cada território. Os nossos parceiros são consultores que conhecem o tecido económico e governamental de um território. O nosso principal fornecedor é o responsável pela melhoria contínua do produto.

- **Estrutura de custos**: a repartição clássica das despesas que o seu modelo de negócio terá. Inclui os custos fixos, os custos variáveis, as economias de escala para reduzir os custos e tudo o mais relacionado com as despesas.

  <u>No nosso caso</u>: custos dos parceiros em cada área. Custos do subcontratante responsável pela melhoria da solução. Custos salariais da direção. Despesas gerais.

A tela do modelo de negócio

Principais parceiros	Principais actividades	Valores	Relações com os clientes	Segmentos de clientes
• Os nossos clientes são as empresas de consultoria responsáveis pela logística e pelos sistemas de votação em cada região. • Os nossos parceiros são empresas de consultoria que conhecem o tecido económico e governamental de um país. território - O nosso principal fornecedor é responsável pela melhoria contínua dos nossos produtos	- Venda da patente da nossa solução aos nossos parceiros locais • A procura de empresas-chave em cada domínio é muito importante. • Produção de um protótipo para demonstração a futuros clientes **Recursos importantes** • Para desenvolver a solução, uma equipa de engenheiros y designers • A escolha dos **nossos** parceiros é fundamental para identificar os nossos potenciais clientes. Empresas de consultoria que tratam da logística da consulta local.	• Votação com autenticação por meio de um contador que contém a impressão digital e reconhecimento da impressão digital no local. • Aumento da segurança da autenticação e redução radical das oportunidades de fraude. • Reduzir a estrutura necessária para implementar o processo de votação	• Apoio técnico permanente à solução: atualização da solução através de uma melhoria contínua. • Contacto permanente com clientes e parceiros para obter referências sobre os mesmos. **Canais** • Os canais serão constituídos por parceiros/empresas com ligações ao governo em causa. • Estes parceiros conhecem muito bem as empresas responsáveis pela logística da votação.	• Trazemos valor acrescentado ao governo em causa, porque damos maior credibilidade aos resultados eleitorais. • Cria uma mais-valia para os gabinetes de consultoria responsáveis pela logística do voto, reduzindo os custos estruturais.

<table>
<tr><td>Estrutura de custos

• Custos dos parceiros em cada região
• Custos do subcontratante responsável pelo melhoramento da solução
• Custos salariais dos gestores
• Despesas gerais</td><td>Fontes de rendimento

• Logicamente, são os nossos clientes. Pagam para otimizar o custo das férias y para melhorar a precisão do processo.
• Os nossos clientes finais são os governos dos vários territórios.</td></tr>
</table>

7.2. Plano de marketing
7.2.1.   Análise D.A.F.O. Análise.
Fig. 7-I: Principais pontos da análise SWOT

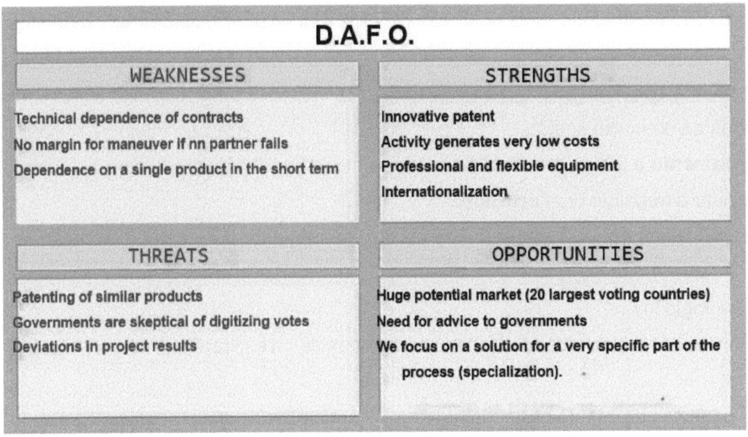

D.A.F.O.

WEAKNESSES	STRENGTHS
Technical dependence of contracts No margin for maneuver if nn partner fails Dependence on a single product in the short term	Innovative patent Activity generates very low costs Professional and flexible equipment Internationalization
THREATS	**OPPORTUNITIES**
Patenting of similar products Governments are skeptical of digitizing votes Deviations in project results	Huge potential market (20 largest voting countries) Need for advice to governments We focus on a solution for a very specific part of the process (specialization).

7.2.2.   Valor diferente

Queremos que as soluções IoT que lançamos no mercado se destaquem no mercado das seguintes formas:

•	**Desempenho:** a convergência das tecnologias para desenvolver as nossas soluções

torna os nossos produtos muito eficazes, tal como o seu desempenho.

• **Qualidade:** os nossos sistemas são desenvolvidos segundo normas muito rigorosas e com as melhores empresas de desenvolvimento do mundo.

• **Fiabilidade: testamos** sempre as nossas soluções de forma exaustiva. Reagimos se o resultado final não corresponder às expectativas.

•	**Preço: o** custo do nosso produto será muito inferior ao de outras soluções ou outros produtos.

simplesmente não fazer nada.

7.2.3.   Política de produtos.

A política de produtos da nossa empresa centrar-se-á no desenvolvimento das melhores soluções do mercado, baseadas na tecnologia LoT.

Para o efeito, desenvolvemos uma estratégia de produto baseada nos seguintes aspectos.

- **A nossa própria tecnologia:** as próximas gerações dos nossos produtos **basear-se-ão** na nossa **própria tecnologia.**

    em investigação e desenvolvimento, que realizamos externamente, mas com tecnologia transferida para nós.

- **I&D:** Reinvestiremos uma parte significativa das nossas receitas nas seguintes áreas

    incentivar a investigação e o desenvolvimento de soluções para estarmos sempre na vanguarda do nosso sector.

- **Planeamento a longo prazo:** temos atualmente um roteiro de produtos e queremos continuar a trabalhar com este líder.

- **Especialização:** concentramo-nos no desenvolvimento e na comercialização de soluções

    A tecnologia IoT...

- **Fornecedores de qualidade:** todos os grupos de investigação e subcontratantes da

    e os projectos de desenvolvimento devem ser submetidos a um processo de seleção rigoroso, a fim de garantir padrões de qualidade.

- **Soluções que cumprem prazos:** Acreditamos que a verdadeira mais-valia das nossas soluções reside no controlo dos projectos de desenvolvimento para que sejam concluídos a tempo e com a qualidade exigida.

- **Garantia:** parte dos nossos projectos implica testar as nossas aplicações para podermos

    garantir os resultados. Também oferecemos apoio pós-compra para a utilização correcta do produto.

7.1.1.   Serviço ao cliente e política

A nossa empresa comercializa através de uma empresa de consultoria ou de uma empresa responsável pela coordenação numa determinada área com o cliente final que utiliza o nosso produto. Com base neste modelo de negócio, toda a atividade de serviço pós-venda será gerida através da empresa que compra o nosso produto diretamente, com o cliente final e até com o nosso parceiro. Para além disso, iremos oferecer um segundo nível de serviço pós-venda especializado para o "profissional", para resolver questões técnicas relacionadas com o funcionamento do nosso produto.

Esta política de serviço ao cliente baseia-se nos seguintes elementos:
- **Informação transparente: A** partir do momento em que visita o nosso sítio Web ou

  Ao consultar os nossos materiais de marketing, os profissionais podem obter informações claras sobre os nossos produtos, serviços, componentes, preços, prazos de entrega, etc.

- **Aconselhamento especializado:** os clientes podem esclarecer as suas dúvidas por telefone ou por correio eletrónico através do nosso sítio Web.
- **Área do cliente:** está prevista uma área do cliente baseada na Internet, onde os profissionais poderão aceder a informações técnicas sobre os produtos, efetuar encomendas, descarregar documentação e muito mais.
- **Acompanhamento:** estaremos em contacto regular com os profissionais que para saber a sua opinião sobre os nossos produtos, as dificuldades encontradas na sua utilização, etc.
- **Visitas ao local:** os nossos técnicos deslocam-se igualmente ao seu local sempre que possível.

  alguns testes efectuados para verificar o funcionamento do nosso produto na prática.
- **Formação:** organizaremos actividades de formação regulares para os estudantes, a fim de

  Os profissionais da indústria podem ficar a saber mais sobre os nossos produtos e incentivá-los a considerá-los nos seus futuros projectos.

Em suma, trata-se de fazer com que os clientes se sintam envolvidos, cuidados e respeitados quando trabalham com a nossa empresa. Isto ajudar-nos-á a ganhar a sua confiança e a fazer do nosso produto a sua escolha preferida para os seus projectos, se perceberem o apoio que a nossa empresa lhes oferece.

7.1.2. Política de preços.

O preço dos nossos produtos situar-se-á no segmento médio devido ao desempenho resultante da complexidade da tecnologia utilizada.

7.1.3. Estratégia de publicidade e promoção

A nossa estratégia de publicidade e de promoção de vendas baseia-se na comunicação e na promoção dos nossos produtos junto de dois grupos-alvo principais:

7.1.3.1. Profissionais

Trata-se de empresas intermediárias que pretendem integrar a nossa solução nos projectos dos seus clientes. Para isso, é necessário informá-las sobre a nossa empresa e convencê-las de que o nosso produto é o mais adequado, utilizando as seguintes ferramentas:

- **Sítio Web:** Este será o cartão de apresentação mais importante da nossa empresa, pelo que vamos desenvolver um sítio Web que, dada a internacionalização pretendida, será em inglês. O site fornecerá informações detalhadas sobre a empresa e os seus produtos, com a possibilidade de descarregar produtos e solicitar assistência técnica. O site será desenvolvido por uma empresa especializada e investiremos um orçamento anual na sua promoção e posicionamento.
- **Brochuras de produtos:** todos os nossos produtos são acompanhados de vários materiais de marketing, incluindo uma brochura de apresentação, uma ficha de produto com especificações técnicas, manuais de instalação, utilização e manutenção e outros documentos técnicos. Estes são produzidos por uma empresa especializada em documentação de marketing.
- **Vídeos de produtos:** No sítio, pode também aceder a vídeos informativos que descrevem as características dos nossos produtos. Estarão igualmente disponíveis outros vídeos mais técnicos, que explicam passo a passo procedimentos como a instalação e a ativação do produto, a utilização de funcionalidades, etc.
- **Motor de busca de instaladores: vamos** criar um diretório de **instaladores** no nosso sítio Web com o

    as empresas que distribuem o nosso produto em cada zona geográfica. Desta forma, ajudamo-las a gerar negócio a partir das visitas dos clientes finais que recebem o nosso sítio Web e a reforçar a relação com eles.
- **Publicidade nos meios de comunicação especializados:** manteremos uma presença permanente nos **meios de comunicação especializados.**

    através da publicidade do nosso produto nas principais publicações comerciais.
- **Feiras:** Estaremos presentes nas principais feiras nacionais e internacionais.

    internacional do sector da IoT e da digitalização em geral. Estaremos presentes em todos estes eventos com o nosso próprio stand para apresentar o nosso produto e estabelecer contactos.

7.1.3.2. Utilizador final (estado, território ou município)

Embora não visemos os utilizadores finais como compradores dos nossos produtos, estamos interessados em manter um fluxo constante de comunicação com eles, a fim de aumentar a sensibilização para os nossos produtos, posicionar a marca e levá-los a identificá-la e a solicitá-la aos seus engenheiros/consultores. Para o efeito, utilizaremos as seguintes ferramentas:

- **Publicidade:** a nossa empresa fará publicidade a intervalos regulares para participação em ofertas especiais.

    Participamos igualmente em programas de informação sobre a bioenergia e o ambiente, que são regularmente difundidos pela imprensa escrita e televisiva. A ideia é que os consumidores vejam a nossa marca

    quando falamos sobre o futuro do ambiente, para os fazer pensar.

- **Marketing viral:** estamos também a planear desenvolver uma série de V^deos e

    animações de marketing viral sobre o tema "O voto digital está aqui". Vamos oferecê-las como downloads de publicidade no nosso site e para aumentar a notoriedade da marca em portais e redes sociais.

- **Colocação de produtos:** estamos também a procurar ativamente oportunidades de colocação **de produtos.**

    Participar em showrooms e instalações de demonstração para o público em geral em feiras e exposições de IoT. Para o efeito, disponibilizamos gratuitamente os nossos produtos e o nosso apoio técnico.

Todos estes materiais e medidas são desenvolvidos e aplicados por uma agência externa de marketing e publicidade contratada para o efeito.

7.1.4. Estratégia de comunicação e relações públicas

A comunicação e as relações públicas serão o outro grande foco da estratégia de marketing da nossa empresa. Neste caso, trata-se de estar presente nos meios de comunicação social sem ter de fornecer uma compensação financeira direta para atingir os nossos grupos-alvo.

Acreditamos que a tecnologia LoT é uma "história" que pode ser atractiva para os principais meios de comunicação social, porque tem o potencial de mudar o ambiente em que vivemos e trabalhamos.

Para o efeito, utilizaremos as seguintes ferramentas:

- Reuniões com empresas-alvo

- **Comunicados de imprensa:** As notícias da empresa e os desenvolvimentos dos projectos são publicados na imprensa.

    Os meios de comunicação social são informados através de comunicados de imprensa para garantir a cobertura noticiosa.

*   **Reportagens**: Ofereceremos aos meios de comunicação social a oportunidade de escreverem reportagens sobre o evento.

empresas e, em especial, nos produtos IoT ligados ao futuro.

*   **Artigos**: Apresentaremos artigos sobre os seguintes temas aos meios de comunicação social gerais e especializados

IoT, IA, etc.

*   **Entrevistas**: Queremos posicionar o nosso Diretor Executivo como um porta-voz e uma pessoa.

Informar os meios de comunicação social sobre os benefícios destas tecnologias

Estas actividades serão levadas a cabo por uma agência de comunicação especializada na divulgação das novas tecnologias, que contrataremos para o efeito. O objetivo é conseguir uma presença contínua da nossa marca nos meios de comunicação social sempre que estes temas forem abordados.

7.1.5. Plano de ação de marketing

No segundo ano, quando a empresa está suficientemente financiada, é elaborado um plano de marketing para vender e promover a atividade.

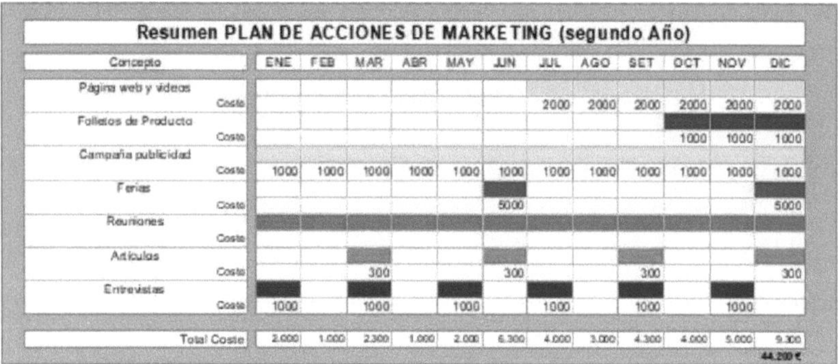

Resumen PLAN DE ACCIONES DE MARKETING (segundo Año)

Concepto		ENE	FEB	MAR	ABR	MAY	JUN	JUL	AGO	SET	OCT	NOV	DIC
Página web y videos													
	Coste							2000	2000	2000	2000	2000	2000
Folletos de Producto													
	Coste										1000	1000	1000
Campaña publicidad													
	Coste	1000	1000	1000	1000	1000	1000	1000	1000	1000	1000	1000	1000
Ferias													
	Coste						5000						5000
Reuniones													
	Coste												
Artículos													
	Coste			300			300			300			300
Entrevistas													
	Coste	1000		1000		1000		1000		1000		1000	
Total Coste		2.000	1.000	2.300	1.000	2.000	6.300	4.000	3.000	4.300	4.000	5.000	9.300

44.200 €

7.1.6. Quadro de pessoal.

Ao longo do último ano, os três promotores da empresa têm vindo a preparar a criação da sua empresa, que deverá ocorrer no prazo de seis meses. Até à data, foram dados os seguintes passos:

*   aluguer das instalações da empresa num centro de ciência e tecnologia ou num viveiro de tecnologia.

- Acondicionamento básico das instalações.
- Seleção dos principais fornecedores.
- Procurar as principais aplicações a desenvolver.
- Elaborar este plano de actividades.
- Procura de financiamento e investidores.

7.3. Plano de vendas

7.3.1. Estratégia de vendas.

Como já foi referido, haverá três canais de distribuição:

- **Parceiros: são** os gabinetes de mediação que conhecem os mecanismos de abordagem e de posicionamento dos gabinetes de consultoria responsáveis pela consulta.

- **Consultores:** são as empresas responsáveis pela votação e que prescreverão a nossa solução.

- **Os governos:** São os promotores das eleições e têm uma grande influência sobre a empresa de consultoria de serviços.

A nossa estratégia de vendas varia de acordo com o mercado a que nos dirigimos, com o objetivo de aproveitar ao máximo as oportunidades atualmente disponíveis e de garantir um fluxo de receitas desde o início. A estratégia de vendas nas diferentes regiões é explicada em mais pormenor a seguir:

- **Espanha e União Europeia**: devido à sua proximidade e afinidade cultural, este será o principal mercado da nossa empresa, que continuaremos a desenvolver. Para tal, pretendemos estabelecer relações sólidas com governos seleccionados, o que nos permitirá alcançar uma cobertura nacional. Devido à sua dimensão, o estabelecimento de relações privilegiadas com estes comerciantes será moroso. No entanto, estamos confiantes de que a qualidade e a funcionalidade da nossa solução nos ajudarão a penetrar gradualmente nos principais mercados. Se virmos que um determinado país está a ter um desempenho particularmente bom, planeamos abrir um escritório de vendas para o apoiar.

- **Estados Unidos e Canadá**: trata-se de um mercado global que, devido à sua grande

No entanto, estamos conscientes de que este mercado é difícil de penetrar devido à forte concorrência local. Por isso, vamos negociar um acordo de joint venture com uma empresa que comercializa soluções LoT. Acreditamos que uma marca local específica associada a este parceiro permitir-nos-á atingir um volume de vendas significativo através da sua rede de distribuição.

América Latina: são mercados de desenvolvimento desigual, embora existam oportunidades em países como o Brasil e o México. Nesta região, o nosso departamento comercial é responsável por selecionar os melhores distribuidores para cada país, de modo a estar presente na região. São países com uma certa tradição de cooperação digital.

Resto do mundo: Durante os primeiros cinco anos do presente plano de actividades, não temos planos para entrar em quaisquer outros mercados internacionais. As únicas excepções serão a Austrália e a Nova Zelândia.

7.3.2. pessoal de vendas.

É de notar que as nossas soluções não são produtos fabricados e consumidos em grandes quantidades, mas sim produtos B2B utilizados numa base ad hoc e que não implicam a utilização de grandes quantidades de uma substância. A nossa empresa terá apenas uma pessoa para realizar todas as tarefas: o diretor-geral e um gestor de desenvolvimento comercial para o assistir. Os contactos comerciais para os dois primeiros anos, durante os quais abriremos o mercado da União Europeia, serão estabelecidos por estas duas pessoas.

No primeiro ano, a empresa abrir-se-á aos mercados da América do Norte, da América Latina e da Austrália, e será recrutado um segundo técnico de apoio. Esta expansão internacional não foi tida em conta nos resultados numéricos, embora, como veremos mais adiante, seja imperativa para não pôr em causa o desempenho económico da empresa e, por conseguinte, a sua viabilidade.

A gestão do serviço externo basear-se-á nos seguintes aspectos fundamentais

- **Trabalhar por objectivos:** Remuneração dos membros dos serviços

  O plano de empresa é composto por uma parte fixa e uma parte variável ligada à realização dos objectivos fixados.

- **Qualidade das vendas: a** equipa de vendas é obrigada a seguir sempre os procedimentos da empresa e a respeitar as normas de qualidade. Para o efeito, é efectuada uma avaliação contínua da qualidade do serviço prestado, através de inquéritos aos clientes, avaliações de vendas e outros.

- **Formação contínua:** Todos os empregados de serviço no terreno são obrigados a participar em cursos de formação oferecidos pela empresa. Para além disso, são incentivados e apoiados a fazer formação em áreas que os ajudem a estar mais bem preparados para trabalhar para a empresa.

- **Promover a competitividade**: através da remuneração variável e dos bónus
O objetivo é incentivar uma concorrência saudável entre os membros deste serviço, estabelecendo recompensas para os vendedores com melhor desempenho (tanto em termos de resultados como de serviço ao cliente).

7.3.3. Ferramentas de vendas

O pessoal de vendas tem acesso a uma vasta gama de ferramentas de vendas que a empresa desenvolveu para apoiar a sua atividade. Estas ferramentas de vendas incluem

- **Documentação do produto:** brochuras, fichas de produto, documentação técnica,
    vídeos e outros materiais para ajudar os potenciais clientes a compreender melhor as vantagens das nossas soluções.
- **Documentos comerciais:** O vendedor tem também à sua disposição os seguintes documentos
    para o seu trabalho de vendas, tais como brochuras de produtos, respostas a perguntas frequentes, fichas de qualificação de clientes, etc.
- **Showroom:** será criada **uma** sala de vídeo nas instalações da empresa, que poderá ser utilizada separadamente pelos departamentos de I&D, controlo de qualidade e vendas. Estes vídeos reproduzirão um ambiente real de aplicação do produto.
- **Merchandising: para** além da literatura de vendas, produzimos uma pequena gama de artigos promocionais para os clientes, tais como canetas, calendários, blocos de notas, etc.

7.3.4. Obstáculos às vendas

Graças à nossa experiência e ao nosso conhecimento do mercado, estamos conscientes dos obstáculos que cada empresa encontra na sua atividade comercial, nomeadamente quando se trata de uma nova empresa. É por isso que antecipámos os principais "obstáculos comerciais" que os nossos vendedores podem encontrar no decurso do seu trabalho e oferecemos-lhes uma formação específica para os ajudar a ultrapassá-los.
Os principais obstáculos às vendas são
- **Desconhecimento da marca:** se o cliente desconfia de uma marca que ainda não conhece ou que acaba de chegar ao mercado, rememetemo-lo para a experiência da equipa fundadora e para os pontos fortes da tecnologia que oferecemos.

- **Falta de confiança na qualidade:** também pode acontecer que o cliente não queira Uma vez que assumimos o risco de testar um novo produto no âmbito de um projeto de grande envergadura, o fornecedor deve dar especial importância à garantia de solução que oferecemos.
- **Alterações no ambiente concorrencial: é** previsível que os principais clientes e a Temos de ser capazes de competir com os nossos principais concorrentes e o nosso pessoal de vendas tem de ser melhor a comunicar os benefícios da nossa tecnologia.
- **Preço do produto:** o preço do nosso produto situa-se na gama média e pode ser considerado "um pouco caro" pelo cliente se não soubermos comunicar adequadamente todas as características e vantagens que oferece.

Quando são identificados outros obstáculos específicos às vendas nas relações com os clientes, são desenvolvidas estratégias para os ultrapassar.

7.4.   Aspectos jurídicos e comerciais

7.4.1.   A empresa.

Os principais dados da empresa são apresentados de seguida:
- **Nome da empresa:** Digital Polls S.L.
- **Sede social:** C/ Pedro Perez (Barcelona, Espanha)
- **Capital social:** 100 000 euros
- **Objetivo:** desenvolver e comercializar soluções IOT.
- **Data de registo:** 1-7-2018

7.4.2.   Estatutos e acordos de associação

A gestão e a administração da sociedade são confiadas a um órgão. Este órgão de gestão é composto pela Assembleia Geral e pelos directores.

7.4.2.1.   Assembleia Geral Anual

A Assembleia Geral é o órgão consultivo e deliberativo. Entre os assuntos que podem ser tratados pela Assembleia Geral contam-se o controlo de gestão, a aprovação das contas anuais, a nomeação e destituição dos administradores e a alteração dos Estatutos. Os administradores são responsáveis pela convocação da Assembleia Geral, que deve ter lugar nos primeiros seis meses de cada exercício. O objetivo da assembleia é criticar a gestão da sociedade, aprovar as contas anuais do ano anterior, se for caso disso, e decidir sobre a distribuição dos lucros. Esta assembleia é tão importante que, se não se realizar, o juiz da 1ª instância da sede social pode remediar a situação a pedido de qualquer acionista. Pode também fazê-lo se o considerar necessário ou se os estatutos o previrem. Os administradores devem convocar uma assembleia geral se os accionistas que representem 5% do capital social o solicitarem.

Os administradores são obrigados a publicar um aviso de convocação da assembleia no BORME e num dos jornais de maior circulação do município em que se situa a sede social. Os estatutos podem prever, em alternativa ao sistema anterior, que a assembleia seja convocada por aviso publicado num jornal de grande circulação designado no município da sede ou por qualquer meio de comunicação individual e escrita que garanta a receção do aviso por todos os accionistas no endereço designado para o efeito ou no endereço inscrito no registo de accionistas. Entre a convocação e a realização da Assembleia Geral deve decorrer um prazo mínimo de quinze dias.

Assembleia universal: a Assembleia Geral é validamente constituída como "universal". Isto significa que, se todo o capital estiver presente, é decidido por unanimidade realizar a assembleia e fixar a ordem de trabalhos.

7.4.2.2.   Diretor

A gestão é confiada a um Conselho de Administração (três membros). O Conselho de Administração pode delegar a totalidade ou parte dos seus poderes num ou mais dos seus membros, que terão o título de Diretor-Geral. As modalidades e os limites do exercício destes poderes são fixados.

Os administradores devem cumprir uma série de requisitos:

- Não podem exercer por conta de outrem o mesmo tipo de atividade que constitui o objeto da sociedade, salvo autorização da Assembleia Geral.

- Exercem as suas funções durante o período fixado nos Estatutos (que pode ser indeterminado) e podem ser destituídos a qualquer momento pela Assembleia Geral, mesmo que este ponto não conste da ordem de trabalhos.

- As contas anuais devem respeitar as regras aplicáveis às sociedades de responsabilidade limitada.

- Não têm de ser sócios da empresa, embora os estatutos possam exigir que o sejam. anson, incluindo uma série de outros requisitos.

7.4.3.   Direitos dos deputados

Cada um deles tem os seguintes direitos:

- o direito de participar na distribuição dos lucros e do património da sociedade em caso de liquidação.

- Direito de preferência na aquisição das acções dos accionistas cessantes.

- Direito de participar nas decisões da sociedade e de ser eleito como membro da sociedade

Diretor.

- Direito à informação dentro dos prazos previstos nos actos.

- Direito de acesso aos dados contabilísticos da empresa.

7.4.4. Obrigações legais.

Estamos a criar todas as condições necessárias para a produção em Espanha:

1. Criámos a empresa (Digital Polls s.l.).

2. Formalizámos o registo da empresa junto das autoridades fiscais para actividades comerciais.
   economia (IAE).

3. Solicitámos autorização para abrir e explorar o edifício que
   irá albergar os escritórios da empresa.

4. Aceitaremos todos os trabalhadores e registá-los-emos no sistema de segurança social como condição prévia para a sua integração.

5. Proporcionamos ao nosso pessoal toda a formação necessária em relação à legislação sobre a prevenção dos riscos profissionais e outros regulamentos.

6. Estamos a contratar apólices de seguros obrigatórios e facultativos.
   que prestam homenagem à nossa atividade como ela deve ser.

7. Atualmente, estamos a tentar obter patentes para os nossos produtos e tecnologias.
   Espanha e nos vários mercados onde estaremos presentes.

Além disso, tomaremos as medidas necessárias para cumprir todas as regras e regulamentos aplicáveis à nossa atividade.

7.4.5. Licenças e taxas

A atual empresa registou as seguintes marcas comerciais e nomes de domínio:

Digital Polls S.L.: inscrita no Registo Comercial de Barcelona, folha xxx, fólio xx, volume xxx, livro xxx, secção xx, CIF: X-xxxxxx.

Domínios Internet :

www.digitalpolls.com

7.5 Plano económico e financeiro

7.5.1. Confidencialidade do documento

As informações contidas neste documento são confidenciais e são propriedade da nossa empresa, que as forneceu apenas para sua avaliação pessoal. Não está autorizado a distribuir, copiar ou reproduzir este documento, nem a discutir as informações nele contidas com terceiros, exceto se tiver recebido uma autorização prévia por escrito para o fazer. Ao receber este documento, o utilizador compromete-se a manter o seu conteúdo confidencial e a não o divulgar a terceiros.

7.5.2. Projecções e previsões

O presente documento contém declarações e projecções relativas ao futuro baseadas em pressupostos incertos e subjectivos sobre acontecimentos futuros. A nossa empresa não dá qualquer garantia de que os resultados previstos serão alcançados, uma vez que estas projecções e previsões se baseiam em pressupostos e estimativas subjectivas, e os resultados reais podem diferir substancialmente dos previstos.

Antes de investir ou tomar uma decisão com base nas informações contidas neste documento, o investidor deve efetuar a sua própria investigação sobre a empresa e as previsões, a fim de determinar os riscos e as consequências da sua decisão.

Hipótese

Os cálculos utilizados neste plano baseiam-se nestes pressupostos:

- Nos últimos 6 meses antes do ano 0 (2019), estamos a concentrar-nos nas seguintes tarefas para renovar os nossos escritórios e encontrar os fornecedores que melhor respondem às nossas necessidades e às aplicações que podem ser desenvolvidas.

- Os planos de vendas na secção "Vendas" reflectem as vendas de Unidades e preço por unidade.

- Considerámos o mesmo salário de 60 000 euros para as cinco pessoas. Valor bruto anual para todos os anos.

- Não tomámos em consideração a inflação.

- No segundo ano, é efectuada uma campanha de marketing antes do lançamento dos produtos.

as seguintes soluções.

7.5.4. Descrição económica

ESTRUTURA DE CUSTOS E RECEITAS

Financiamento :

Capital	100.000 €
Empréstimo de 4 anos	65.000 €

Arranque (6 meses)

trabalho direto	55.000 €
trabalho indireto	15.000 €
Despesas gerais	10.000 €
Matérias-primas	5.000 €
Custos administrativos	5.000 €
Imprevistos	10.000 €
Total	100.000 €

Previsão de receitas

nº clientes mensais	0,5
Vendas por cliente	75.000 €
Rendimento mensal	37.500 €
RENDIMENTO TOTAL	450.000 €

Despesas mensais

Pessoal (3 directivas)	15.000 €
Subcontratação	4.000 €
Despesas gerais*	3.000 €
Custo das vendas (parceiros)	11.250 €
Total	33.250 €
DESPESAS TOTAIS	399.000 €

* Aluguer de escritórios, comunicações, serviços públicos, etc.

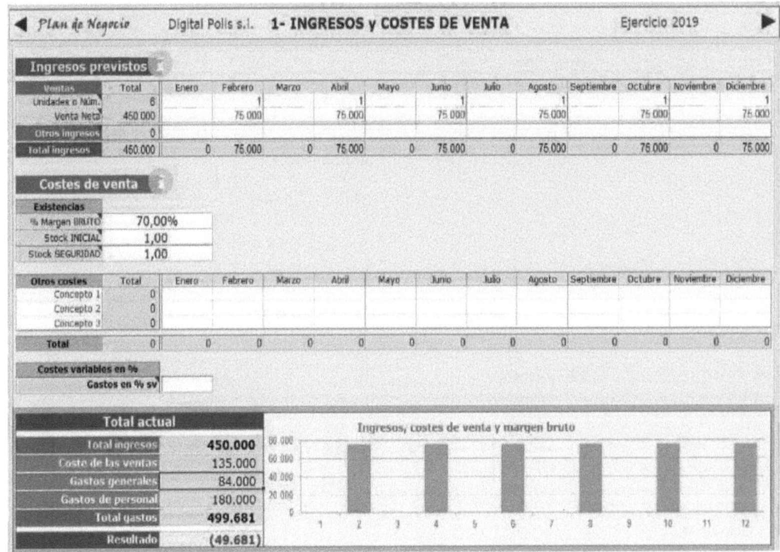

O rendimento provém das vendas. Recebemos uma nova venda de dois em dois meses. O volume de negócios para a autorização de utilização da nossa patente é de 75 000 euros por cada voz. 30% do volume de negócios provém dos nossos parceiros seguidores.

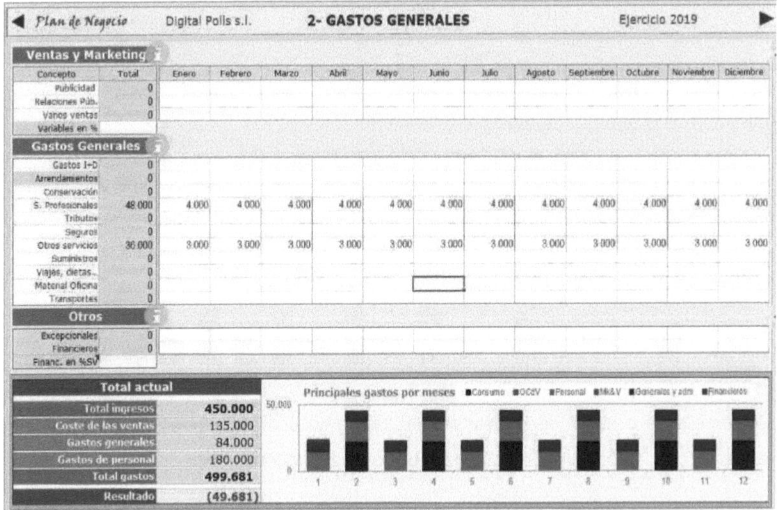

As despesas gerais resultam dos serviços profissionais do subcontratante, que está continuamente a melhorar a nossa solução, e de 3.000 euros para o aluguer de escritórios, etc.

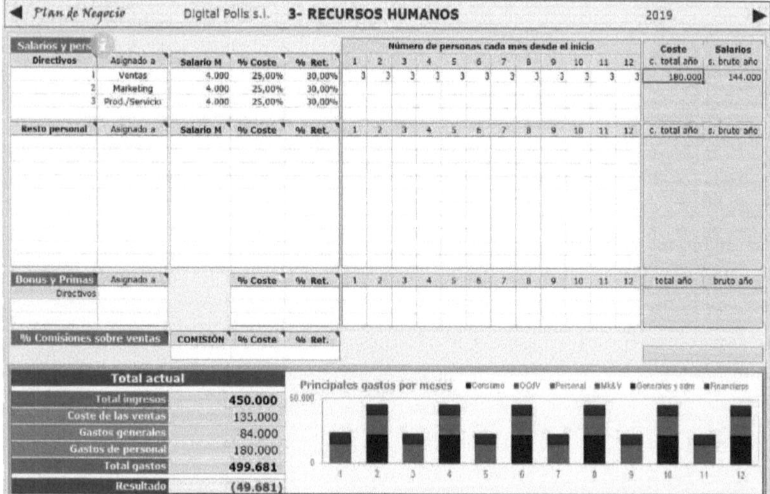

Salarios y pers

Directivos	Asignado a	Salario M	% Coste	% Ret.	1	2	3	4	5	6	7	8	9	10	11	12	Coste c. total año	Salarios s. bruto año
1	Ventas	4.000	25,00%	30,00%	3	3	3	3	3	3	3	3	3	3	3	3	180.000	144.000
2	Marketing	4.000	25,00%	30,00%														
3	Prod./Servicio	4.000	25,00%	30,00%														

Resto personal	Asignado a	Salario M	% Coste	% Ret.	1	2	3	4	5	6	7	8	9	10	11	12	c. total año	s. bruto año

Bonus y Primas	Asignado a		% Coste	% Ret.	1	2	3	4	5	6	7	8	9	10	11	12	total año	bruto año
Directivos																		

% Comisiones sobre ventas	COMISIÓN	% Coste	% Ret.

Total actual	
Total ingresos	450.000
Coste de las ventas	135.000
Gastos generales	84.000
Gastos de personal	180.000
Total gastos	499.681
Resultado	(49.681)

Principales gastos por meses — Consumo, OO/V, Personal, Mk&V, Generales y adm, Financiero

As despesas de pessoal incluem os salários dos três sócios, que ascendem a 60 000 euros por ano.

empresa de custos.

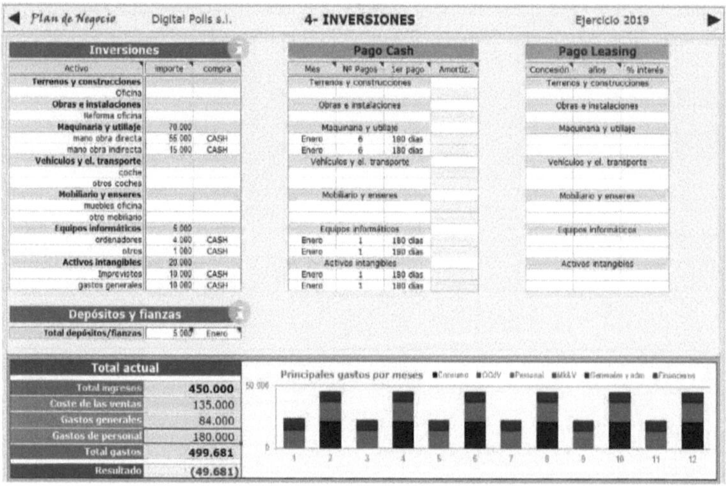

Inversiones

Activo	importe	compra
Terrenos y construcciones		
Oficina		
Obras e instalaciones		
Reforma oficina		
Maquinaria y utillaje	70.000	
mano obra directa	55.000	CASH
mano obra indirecta	15.000	CASH
Vehículos y el. transporte		
coche		
otros coches		
Mobiliario y enseres		
muebles oficina		
otro mobiliario		
Equipos informáticos	5.000	
ordenadores	4.000	CASH
otros	1.000	CASH
Activos intangibles	20.000	
Imprevistos	10.000	CASH
gastos generales	10.000	CASH

Pago Cash

	Mes	Nº Pagos	1er pago	Amortiz.
Terrenos y construcciones				
Obras e instalaciones				
Maquinaria y utillaje				
	Enero	6	180 días	
	Enero	6	180 días	
Vehículos y el. transporte				
Mobiliario y enseres				
Equipos informáticos				
	Enero	1	180 días	
	Enero	1	180 días	
Activos intangibles				
	Enero	1	180 días	
	Enero	1	180 días	

Pago Leasing

Concesión	años	% interés
Terrenos y construcciones		
Obras e instalaciones		
Maquinaria y utillaje		
Vehículos y el. transporte		
Mobiliario y enseres		
Equipos informáticos		
Activos intangibles		

Depósitos y fianzas

Total depósitos/fianzas	5.000	Enero

Total actual	
Total ingresos	450.000
Coste de las ventas	135.000
Gastos generales	84.000
Gastos de personal	180.000
Total gastos	499.681
Resultado	(49.681)

Principales gastos por meses — Consumo, OO/V, Personal, Mk&V, Generales y adm, Financiero

O investimento é o custo de passar a ideia deste estado para uma verdadeira solução patenteável, com valor acrescentado para o processo eleitoral.

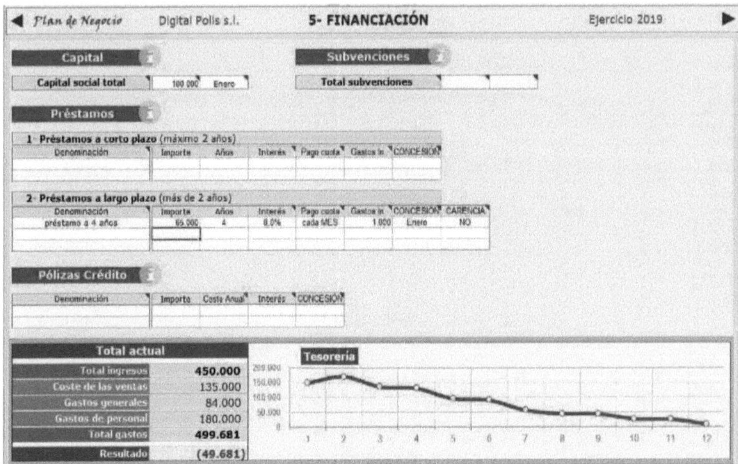

O financiamento é assegurado por capitais próprios e por um empréstimo a 4 anos.

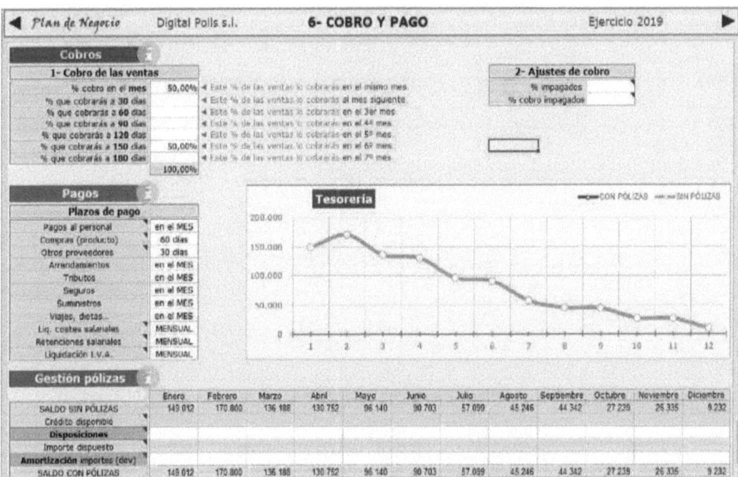

Recebemos 50% por mês e a outra metade ao fim de 150 dias, após a votação.

7.5.5 Demonstração de resultados

Digital Polls s.l. — **Pérdidas y Ganancias Previstas** — Ejercicio 2019

INGRESOS	Total	%	Enero	Febrero	Marzo	Abril	Mayo	Junio	Julio	Agosto	Septiembre	Octubre	Noviembre	Diciembre
Venta neta total	450.000	100%	0	75.000	0	75.000	0	75.000	0	75.000	0	75.000	0	75.000
Otros ingresos	0	0,0%	0	0	0	0	0	0	0	0	0	0	0	0
Total Ingresos	**450.000**		0	75.000	0	75.000	0	75.000	0	75.000	0	75.000	0	75.000

GASTOS	Total	%	Enero	Febrero	Marzo	Abril	Mayo	Junio	Julio	Agosto	Septiembre	Octubre	Noviembre	Diciembre
Consumo	135.000	30,0%	0	22.500	0	22.500	0	22.500	0	22.500	0	22.500	0	22.500
Costes de venta	0	0,0%	0	0	0	0	0	0	0	0	0	0	0	0
Personal	180.000	40,0%	15.000	15.000	15.000	15.000	15.000	15.000	15.000	15.000	15.000	15.000	15.000	15.000
comisiones	0	0,0%	0	0	0	0	0	0	0	0	0	0	0	0
salarios previos	0	0,0%	0	0	0	0	0	0	0	0	0	0	0	0
producción/servicio	0	0,0%	0	0	0	0	0	0	0	0	0	0	0	0
marketing/ventas	180.000	40,0%	15.000	15.000	15.000	15.000	15.000	15.000	15.000	15.000	15.000	15.000	15.000	15.000
administración/OG	0	0,0%	0	0	0	0	0	0	0	0	0	0	0	0
Marketing y ventas	0	0,0%	0	0	0	0	0	0	0	0	0	0	0	0
Publicidad	0	0,0%	0	0	0	0	0	0	0	0	0	0	0	0
Relaciones Púb.	0	0,0%	0	0	0	0	0	0	0	0	0	0	0	0
Varios ventas	0	0,0%	0	0	0	0	0	0	0	0	0	0	0	0
variables	0	0,0%	0	0	0	0	0	0	0	0	0	0	0	0
Generales y adm	84.000	18,7%	7.000	7.000	7.000	7.000	7.000	7.000	7.000	7.000	7.000	7.000	7.000	7.000
Gastos I+D	0	0,0%	0	0	0	0	0	0	0	0	0	0	0	0
Arrendamientos	0	0,0%	0	0	0	0	0	0	0	0	0	0	0	0
Conservación	0	0,0%	0	0	0	0	0	0	0	0	0	0	0	0
S. Profesionales	48.000	10,7%	4.000	4.000	4.000	4.000	4.000	4.000	4.000	4.000	4.000	4.000	4.000	4.000
Tributos	0	0,0%	0	0	0	0	0	0	0	0	0	0	0	0
Seguros	0	0,0%	0	0	0	0	0	0	0	0	0	0	0	0
Otros servicios	36.000	8,0%	3.000	3.000	3.000	3.000	3.000	3.000	3.000	3.000	3.000	3.000	3.000	3.000
Suministros	0	0,0%	0	0	0	0	0	0	0	0	0	0	0	0
Viajes, dietas...	0	0,0%	0	0	0	0	0	0	0	0	0	0	0	0
Material Oficina	0	0,0%	0	0	0	0	0	0	0	0	0	0	0	0
Transportes	0	0,0%	0	0	0	0	0	0	0	0	0	0	0	0
Excepcionales	0	0,0%	0	0	0	0	0	0	0	0	0	0	0	0
Insolvencias	0	0,0%	0	0	0	0	0	0	0	0	0	0	0	0
Total gastos	**399.000**		22.000	44.500	22.000	44.500	22.000	44.500	22.000	44.500	22.000	44.500	22.000	44.500
Amortizaciones	95.000	21,1%	7.917	7.917	7.917	7.917	7.917	7.917	7.917	7.917	7.917	7.917	7.917	7.917
Res. Exploración	**-44.000**		-29.917	22.583	-29.917	22.583	-29.917	22.583	-29.917	22.583	-29.917	22.583	-29.917	22.583
Res. Financiero	-5.681	1,2%	-1.390	-390	-390	-390	-390	-390	-390	-390	-390	-390	-390	-390
Gastos Financieros	5.091	1,1%	1.300	300	300	300	300	300	300	300	300	300	300	300
Intereses	4.581		390	390	390	390	390	390	390	390	390	390	390	390
Otros gastos financ.	1.000		1.000	0	0	0	0	0	0	0	0	0	0	0

RESULTADO	Total	%	Enero	Febrero	Marzo	Abril	Mayo	Junio	Julio	Agosto	Septiembre	Octubre	Noviembre	Diciembre
antes de impuestos	-49.681	-11,0%	-31.307	22.193	-30.307	22.193	-30.307	22.193	-30.307	22.193	-30.307	22.193	-30.307	22.193
impuesto s/beneficio	0	0,0%	0	0	0	0	0	0	0	0	0	0	0	0
RESULTADO NETO	**-49.681**	**-11,0%**	-31.307	22.193	-30.307	22.193	-30.307	22.193	-30.307	22.193	-30.307	22.193	-30.307	22.193
			-31.307	9.114	-30.420	17.227	47.504	-25.341	55.047	-32.454	61.761	41.540	71.874	40.681

Ingresos	2019	2020	2021	2022	2023
Venta Neta	450.000	450.000	450.000	450.000	450.000
Otros ingresos					

Gastos	2019	2020	2021	2022	2023
Coste Ventas					
Publicidad					
Relaciones Púb.					
Varios ventas					
Gastos I+D					
Arrendamientos					
Conservación					
S. Profesionales	48.000	48.000	48.000	48.000	48.000
Tributos					
Seguros					
Otros servicios	36.000	36.000	36.000	36.000	36.000
Suministros					
Viajes, dietas...					
Material Oficina					
Transportes					
Excepcionales					
Financieros (no %)					

Personal	2019	2020	2021	2022	2023
Pers. prod/servicio					
Marketing y ventas	180.000	180.000	180.000	180.000	180.000
Admin. y dirección					

Resultados	2019	2020	2021	2022	2023
Ingresos netos	450.000	450.000	450.000	450.000	450.000
Gastos Operativos	399.000	399.000	399.000	399.000	399.000
Amortizaciones	95.000				
Gastos Financieros	5.681	3.489	2.198	800	
Resultado	**-49.681**	**47.511**	**48.802**	**50.200**	**51.000**
margen s/ventas	-11,04%	10,56%	10,84%	11,16%	11,33%

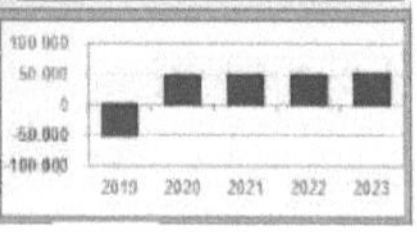

Como se pode ver na análise dos resultados, os resultados são fracos nos primeiros anos, quando ainda não temos aplicações comercializáveis e todas as nossas despesas estão ligadas a salários e pagamentos a fornecedores, ao passo que os resultados parecem mudar quando temos mais soluções e, a fortiori, quando começamos a vender as primeiras soluções.

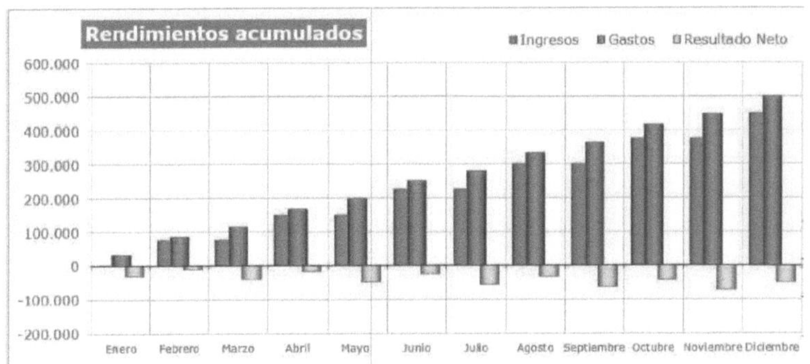

A maior parte das nossas despesas provém dos honorários dos nossos parceiros. Depois, há os custos com o pessoal, embora os salários que fixámos sejam modestos. As despesas adquirem muito rapidamente quase a mesma inércia e, quando as vendas aumentam, os lucros também aumentam.

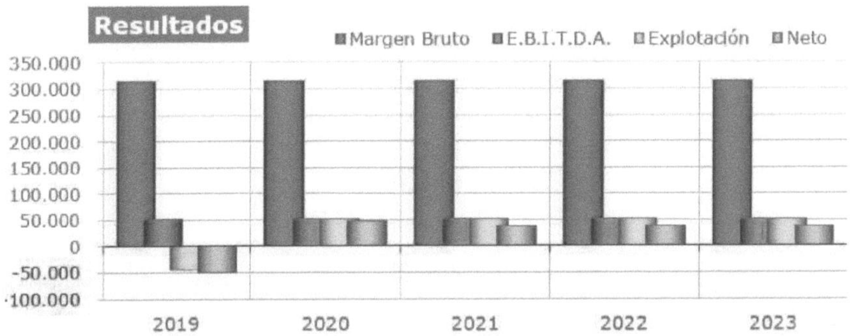

No primeiro ano, o resultado é negativo, mas a partir do segundo ano, estamos no preto. Ganhos.

7.5.6 Conta de tesouraria

Plan de Negocio	PRESUPU							
Digital Polis s.l.	ORÇAMENTO DE TESOURARIA - 5 ANOS							

Digital surveys s.l.		Orçamento do Tesouro			- 5 anos			
FLUXO DE CAIXA provisório	2019	2020	-	2021	-	2022	X	2023	X
Saldo acumulado no momento ini ci o		9.232		45.747	385, Sy.	77.704	бэ,зх	90.004	26,154
Distribuição	408.375	408.375	o,ox	408.375	ОДУ.	408.375	оду.	408.375	оду.
Vendas - Letras descontadas	0	0	o,ox	0	аду.	0	оду.	0	оду.
Não pago	0	0	o,ox	0	оду.	0	оду.	0	оду.
Cobrança de dívidas	0	0	0,054	0	оду.	0	оду.	0	оду.
Total das receitas de vendas	408.375	544.500	33.354	544.500	ОДУ.	544.500	ОДУ.	544.500	0.054
Receitas em litros	0	0	0,054	0	ОДУ.	0	ОДУ.	0	ОДУ.
Parceiro		100.000		-100.0Z		оду.		оду.	оду.

Empréstimo	65.000	0	-100.0Z	0	оду.	0	оду.	0	оду.
Receitas financeiras	0	0	оду.	0	ОДУ.	0	ОДУ.	0	ОДУ.
Seguir	0		оду.		оду.		оду.		оду.
V.A.T. y outro	31.430	0	-100.054	0	ОДУ.	0	ОДУ.	0	ОДУ.
Total de outros rendimentos	186.420	0	100.Ox	0	0,054	0	оду.	0	0.054
COLECÇÕES COMPLETAS	594.795	544.500	-8.554	544.500	o.ox	544.500	ОДУ.	544.500	0.054
Salários e incentivos	100.800	105.677	4,854	105.677	оду.	105.677	оду.	105.677	оду.
Comissões	0	0	ОДУ.	0	оду.	0	оду.	0	оду.
Compras	136.136	163.350	году.	163.350	ОДУ.	163.350	ОДУ.	163.350	ОДУ.
Outras despesas	0	0	оду.	0	оду.	0	оду.	0	оду.
VariáveisProduto/Serviço i o	0	0	оду.	0	оду.	0	оду.	0	оду.
Publicidade	0	0	оду.	0	оду.	0	оду.	0	оду.
Relações públicas.	0	0	оду.	0	оду.	0	оду.	0	оду.
Custo das vendas	0	0	ОДУ.	0	ОДУ.	0	ОДУ.	0	ОДУ.
Variáveis de vendas	0	0	ОДУ.	0	ОДУ.	0	ОДУ.	0	ОДУ.
Despesas de I&D	0	0	оду.	0	оду.	0	оду.	0	оду.
Alugueres	0	0	оду.	0	оду.	0	оду.	0	оду.
Conservação	0	0	оду.	0	оду.	0	оду.	0	оду.
3. profissionais	53.340	58.080	8,154	58.080	ОДУ.	58.080	ОДУ.	58.080	ОДУ.
Costelas em forma de T	0	0	ОДУ.	0	ОДУ.	0	ОДУ.	0	ОДУ.
Seguros	0	0	ОДУ.	0	ОДУ.	0	ОДУ.	0	ОДУ.
Outros acórdãos	38.830	43.560	8,154	43.560	оду.	43.560	оду.	43.560	оду.
Entregas	0	0	оду.	0	оду.	0	оду.	0	оду.
Viajar... A alimentação como...	0	0	оду.	0	оду.	0	оду.	0	оду.
Material de escritório	0	0	ОДУ.	0	ОДУ.	0	ОДУ.	0	ОДУ.
Transposto	0	0	ОДУ.	0	ОДУ.	0	ОДУ.	0	ОДУ.
Liq. Custos de mão de obra	33.000	23.613	доду.	23.032	-2,054	28.032	оду.	28.032	оду.
G a s t o s e h traordinaire	0	0	ОДУ.	0	ОДУ.	0	ОДУ.	0	ОДУ.
Total dos pagamentos operacionais	363.096	400.280	10.254	399.700	-ОДУ.	399.700	ОДУ.	399.700	0.054
Reembolso, empréstimo	14.361	15.553	8.35-4	16.844	ОДУ.	18.242	ОДУ.	0	-100,054
Despesas financeiras	5.881	3.488	-38.5У.	2.188	-зі ду.	800	-бз,6х	0	-100,054
Comp r a actiuos	113.850	0	-00,054	0	ОДУ.	0	ОДУ.	0	ОДУ.
Liquidação do IVA	42.875	43.547	1,654	48.510	ДАУ.	48.510	оду.	48.510	оду.
Imposto sobre as sociedades		0	оду.	0	оду.	11.658	оду.	12.550	1.1У.
Taxa n n Eliminação	33.600	45.116	дду.	45.280	0АУ.	45.230	оду.	45.280	оду.
Total de outros pagamentos	222.467	107.705	51.654	112.842	4,854	124.500	10,354	106.350	-14.654
TOTAL DOS PAGAMENTOS	585.563	507.985	-13,254	512.542	0,954	524.200	2,354	506.050	-3,554
Net soldo eǀercicıo	9.232	36.515	235,514	31.950	-12,554	20.300	-36,554	30.450	88,414
Saldo acumulado no final	9.232	45.747	335.5У.	77.704	63,эх	90.004	26,154	136.454	38.214

O saldo de tesouraria é sempre positivo e está a aumentar gradualmente.

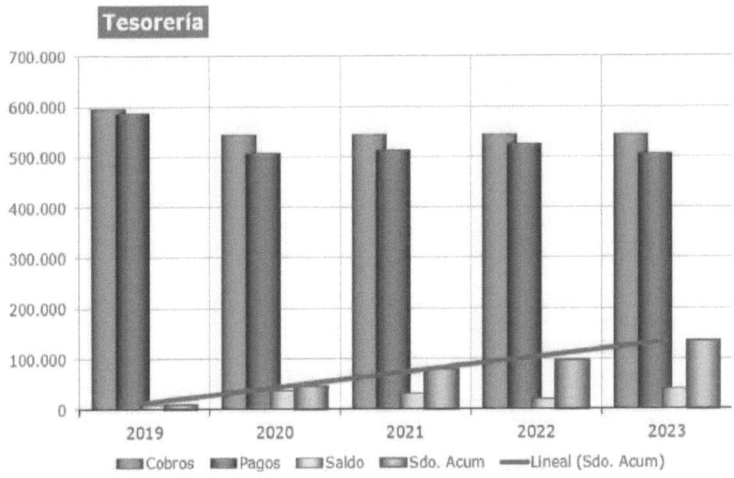

O cash flow é positivo nos primeiros quatro anos, graças a uma política de crédito que permite à empresa cobrir todas as suas despesas. A partir daí, a empresa consegue gerar dinheiro.

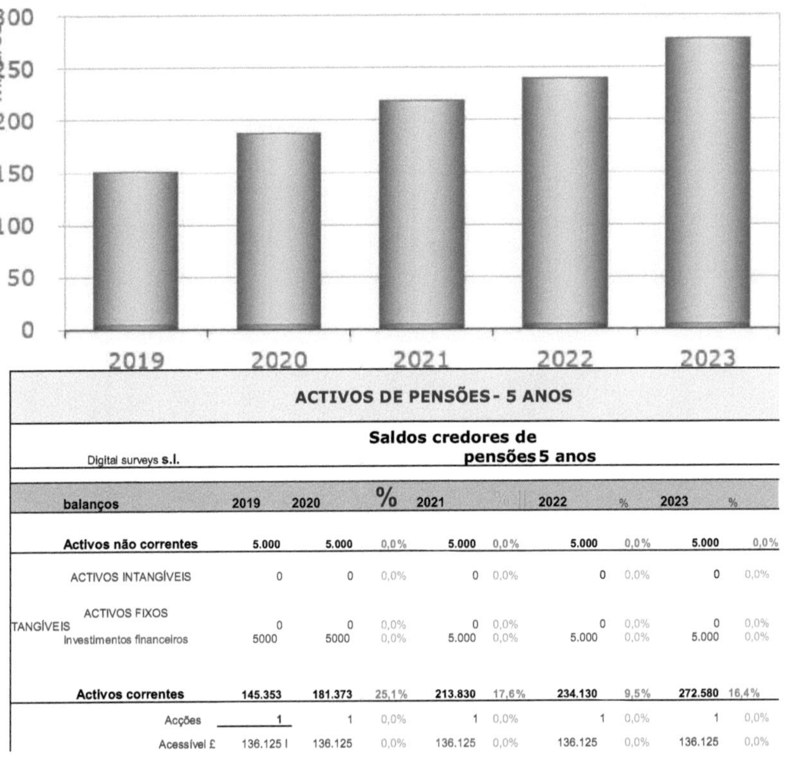

ACTIVOS DE PENSÕES - 5 ANOS										

Digital surveys s.l.			Saldos credores de pensões 5 anos							
balanços	2019	2020	%	2021	%	2022	%	2023	%
Activos não correntes	5.000	5.000	0,0%	5.000	0,0%	5.000	0,0%	5.000	0,0%
ACTIVOS INTANGÍVEIS	0	0	0,0%	0	0,0%	0	0,0%	0	0,0%
ACTIVOS FIXOS TANGÍVEIS	0	0	0,0%	0	0,0%	0	0,0%	0	0,0%
Investimentos financeiros	5000	5000	0,0%	5.000	0,0%	5.000	0,0%	5.000	0,0%
Activos correntes	145.353	181.373	25,1%	213.830	17,6%	234.130	9,5%	272.580	16,4%
Acções	1	1	0,0%	1	0,0%	1	0,0%	1	0,0%
Acessível £	136.125	136.125	0,0%	136.125	0,0%	136.125	0,0%	136.125	0,0%

Disponível em	9232	45.747	395,5%	77 704	69,9%	98 004	26,1%	136.454	39,2%
TOTAL DO ACTIVO	**150.353**	**186.373**	24,3%	**213.830**	17,1%	**239.130**	9,3%	**277.580**	16.1%
VALOR LÍQUIDO	**50.319**	**97.830**	94,4%	**134.974**	38,0%	**172.624**	27,9%	**210.874**	22,2%
RECURSOS PRÓPRIOS	50.319	97.830	94,4%	134.974	38,0%	172.624	27,9%	210.874	22,2%
Capital	100.000	100.000	0,0%	100.000	0,0%	100.000	0,0%	100.000	0,0%
Resultados	-49.681	-2.170	-95,6%	34.974	-1711,7%	72.624	107,7%	110.874	52,7%
SUBSÍDIOS	0	0	0,0%	0	0,0%	0	0,0%	0	0,0%
DÍVIDA DE LONGO PRAZO	**50.639**	**35.086**	-30,7%	**18.242**	-48,0%	**0**	-100,0%	**0**	0,0%
Empréstimos a longo prazo	50.639	35.086	-30,7%	18.242	-48,0%	0	-100,0%	0	0,0%
DÍVIDA DE CURTO PRAZO	**49.400**	**53.957**	9,2%	**65.615**	21,6%	**66.507**	1,4%	**66.707**	0,3%
Disposições	0	0	0,0%	0	0,0%	0	0,0%	0	0,0%
Dívidas a instituições de crédito	0	0	0,0%	0	0,0%	0	0,0%	0	0,0%
Fornecedor	35.695	35.695	0,0%	35.695	0,0%	35.695	0,0%	35.695	0,0%
Outros passivos	13.705	18.262	33,2%	29.920	63,8%	30.812	3,0%	31.012	0,6%
PASSIVO LÍQUIDO E PASSIVO TOTAL	**150.353**	**186.373**	24,3%	**218.830**	17,1%	**239.130**	9,3%	**277.580**	16,1%
CAPITAL DE EXPLORAÇÃO	**95.958**	**127.916**	33,3%	**148.216**	15,9%	**167.624**	13,1%	**205.874**	22,8%

Os balanços mostram que os activos estão a crescer de forma constante, em linha com os capitais próprios.

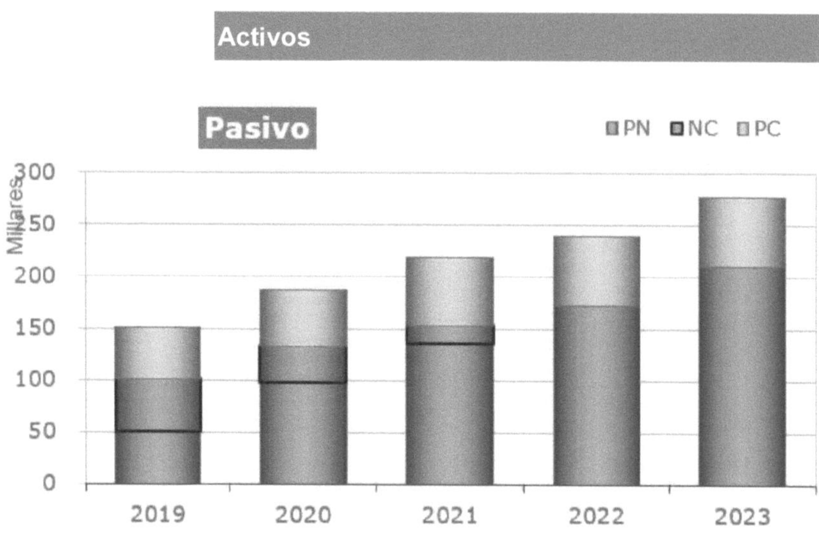

A rendibilidade da empresa é boa, mas a longo prazo. Esta é a norma para este tipo de empresas tecnológicas, nomeadamente para as tecnologias emergentes.

A rentabilidade económica aumenta, mas depois diminui com a estagnação dos lucros. Isto significa que a empresa tem de entrar numa fase de expansão de soluções que serão internacionais, etc.

Todos os rácios são normais para este tipo de negócio e para o seu início. A TIR não é excessivamente elevada, o que pode ser explicado pelo facto de termos vendido os produtos, de forma conservadora, por apenas 30% mais do que custam, o que pode não ser muito.

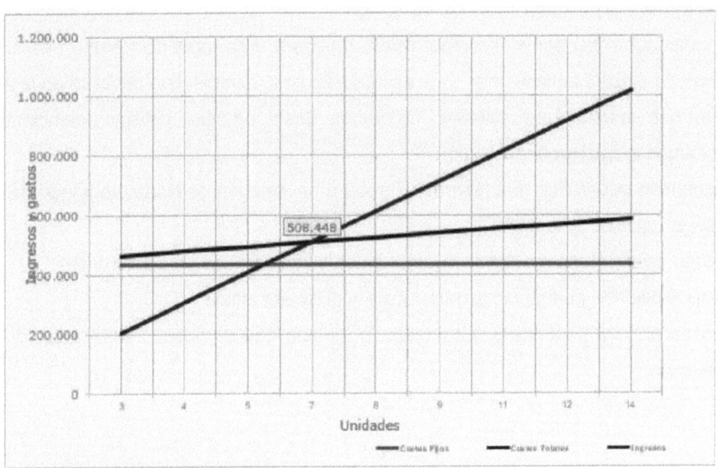

7.5.8 Ponto de equilíbrio

Digital Polls s.l.   Plano de actividades

ANÁLISE DAS RUBRICAS DO BALANÇO

Mínimo anual   **Vendas em unidades7**

Preço médio actualizado75   .000,00

Vendas necessárias para atingir o limiar de rendibilidade **508.448s^Vendas totais nos anos anteriores112   ,99

Número total de dias para atingir o ponto de equilíbrio anual   **Ponto407**

O ponto de equilíbrio foi atingido com 7.ª vendas, cerca de 13 meses após a criação da empresa.

8. Conclusões

- A Digital Polls S.L. é uma empresa viável baseada em soluções IoT.
- As soluções são patenteadas nos vinte países que receberam mais votos.
- Depois da solução propriamente dita, a escolha dos parceiros para cada país é o aspeto mais importante da transação.
- A solução resultante pode ser optimizada ao nível do dispositivo. Um subcontratante fiável garante a melhoria contínua da solução.
- Os indicadores económicos e financeiros mostram uma tendência muito boa em termos de caixa e activos, mas uma estagnação nas receitas. Isto deve-se ao facto de termos apenas uma patente. Os lucros desta primeira patente financiarão parcialmente as soluções futuras.
- A expansão geográfica terá lugar na Europa e na América do Norte, seguindo-se a América Latina e a Austrália.
- O ponto de equilíbrio é atingido quando a solução é vendida pela sétima vez.
- A disponibilidade do tesouro é garantida em qualquer altura.
- A nossa riqueza continuará a aumentar à medida que os nossos activos líquidos crescerem.

9. Melhorias futuras

O atual projeto de votação assistida por computador pode evoluir em várias direcções. A curto prazo, os principais domínios a melhorar são os seguintes:

- Melhorias de segurança: No projeto acima referido, foi utilizada uma etiqueta MIFARE Classic. Verificou-se que este cartão é vulnerável [9] e a sua utilização não é recomendada. Por conseguinte, é necessário utilizar um cartão seguro com o qual todas as operações possam ser efectuadas sem problemas de segurança. Uma opção é utilizar um cartão MIFARE Ultralight.

- Otimização dos recursos: uma opção possível para reduzir os custos poderia ser Seleção dos microcontroladores. Foram utilizados dois Arduino UNO para controlar o leitor de impressões digitais e o leitor de cartões RFID. Uma possível melhoria seria escolher um único microcontrolador capaz de controlar ambos os componentes, como um ESP32 ou um Pycom. Ambos os microcontroladores são compatíveis com os nossos componentes e permitem ligações Wi-Fi, pelo que não é necessário utilizar uma proteção Ethernet.

É possível a médio e longo prazo:

- Aplicação: Tratando-se de um serviço para os cidadãos, adquirido desde o início com fundos públicos e seguindo os princípios dos dados abertos, todos os dados recolhidos devem ser colocados à disposição dos cidadãos para que estes os possam utilizar. O meio mais acessível seria o desenvolvimento de uma aplicação móvel que permitisse aos cidadãos consultar os dados eleitorais em tempo real.

- Big data e a nuvem: devido à enorme quantidade de dados que podem ser recolhidos durante uma votação, é possível criar modelos baseados no comportamento dos eleitores, nas horas do dia em que as pessoas comparecem em maior número e na hora do dia em que as pessoas votam mais de acordo com a idade, entre muitas outras opções. Estes dados devem ser armazenados em servidores na nuvem para garantir a sua segurança e disponibilidade.

10. Bibliografia

[1] https://www.cnccookbook.com/need-know-now-iot-intemet-things-cnc-manufacturing/

[2] https://eu.usatoday.com/story/news/politics/2012/10/30/hurricane-sandy-election-impacto/1668579/

[3] https://www.forbes.com/sites/jacobmorgan/2014/05/13/simple-explanation-internet-coisas-que-todos-entendem/#3a8cbc071d09

[4] https://www.adafruit.com/product/751

[5] https://www.digikey.es/product-detail/es/seeed-technology-co.,-ltd/101020057/1597-1118-ND/5482596 ?utm adgroup=Sensors&mkwid=s&pcrid=278489403493&pkw=&pmt=&pdv=c& productid=5482596&slid=&gclid=Cj0KCQjwlqLdBRCKARIsAPxTGaXqpCd5WRHKJsFJy d11 J6sjBfP959c3K7Sz7NVP0HY2X7jsWCP4v4UaAn05EALw wcB [6] http ://kookye.com/2016/07/24/use-arduino-drive-fingerprint-sensor/

[7] https://www.arduino.cc/en/Guide/Introduction

[8] https://github.com/knolleary/pubsubclient

[9] https://github.com/hmxmghl/Modified Biblioteca AdafruitFingerprintSensor

[10] https://www.blackhat.com/docs/sp-14/materials/arsenal/sp-14-Almeida-Hacking-Filmes para cartões MIFARE clássicos.pdf

11. Apêndice

11.1. Código fonte

Nesta secção, anexamos o código utilizado para criar este projeto.

12. 1 .1PN532

ID da leitura

```
#include <PN532.h>
#include <SoftwareSerial.h>
#definir SCK 13
#definir MOSI 11
#definir SS 10
#definir MISO 12

PN532 nfc(SCK, MISO, MOSI, SS) ;
SoftwareSerial myserial(4,5) ;
Canal DNI ;

void setup(void) {
        Serial.begin(9600) ;
        Serial.println("Pronto para ler o cartão") ;
        nfc.begin() ;
        nfc.SAMConfig() ;
        myserial.begin(9600) ;
}

void loop(void) { uint32_t id ;
        id = nfc.readPassiveTargetID(PN532_MIFARE_ISO14443A) ;

        se (id != 0) {
        uint8_t chaves[]= {0xFF,0xFF,0xFF,0xFF,0xFF,0xFF,0xFF,0xFF,0xFF,0xFF} ;
        for(uint8_t blockn=1;blockn=1;blockn) {
        se(nfc.authenticateBlock(1, id ,blockn,KEY_A,keys)) {
                uint8_t bloco[16] ;

            se(nfc.readMemoryBlock(1,blockn,block)) {

                for(uint8_t i=7;i<16;i++)
                {
                DNI +=String(bloco[i], HEX) ;
                }

            Serial.print("Número de DNI: ") ;
              DNI.toUpperCase() ;
              char charBuf[10] ;
            DNI.toCharArray(charBuf,10) ;
              Serial.write(charBuf) ;
```

```
      myserial.write(charBuf) ;
        }
    Prazo (2000) ;
      }
  }


  }
  Prazo (2000) ;
}
```

Escrever_cartões_de_identificação

```
#include <PN532.h>
#definir SCK 13
#definir MOSI 11
#definir SS 10
#definir MISO 12

PN532 nfc(SCK, MISO, MOSI, SS) ;

uint8_t escrito=0 ;

void setup(void) {
  Serial.begin(9600) ;
  Serial.println("Olá!") ;

  nfc.begin() ;

  uint32_t versiondata = nfc.getFirmwareVersion() ;
  se ( ! versiondata) {
      Serial.print("Não consegui encontrar um cartão PN53x") ;
      while (1); // parar
  }
  // Os dados estão correctos, imprime-os!
  Serial.print("Encontrado chip PN5") ; Serial.println((versiondata>>24) & 0xFF, HEX) ;
  Serial.print("Firmware ver. ") ; Serial.print((versiondata>>16) & 0xFF, DEC) ;
```

```cpp
if (id != 0)
{
      Serial.println();
      String ReceivedInput = WaitForInput("Read = 0 , Write = 1");
      Serial.print("Action selected=  ");
      Serial.println(ReceivedInput);

      int action= ReceivedInput.toInt();

      if(action == 1)  // action is Write
      {

      String ReceivedInput = WaitForInput("Block?=");
      Serial.print("Block selected=  ");
      Serial.println(ReceivedInput);

      int block_selected= ReceivedInput.toInt();

      uint8_t keys[]= {0xFF,0xFF,0xFF,0xFF,0xFF,0xFF};
      uint8_t writeBuffer[16];

      writeBuffer[0]=0;
      writeBuffer[1]=0;
      writeBuffer[2]=0;
      writeBuffer[3]=0;
      writeBuffer[4]=0;
      writeBuffer[5]=0;
      writeBuffer[6]=0;
      writeBuffer[7]=1;
      writeBuffer[8]=1;
      writeBuffer[9]=1;
      writeBuffer[10]=1;
      writeBuffer[11]=1;
      writeBuffer[12]=1;
      writeBuffer[13]=1;
      writeBuffer[14]=1;
  Serial.print('.'); Serial.println((versiondata>>8) & 0xFF, DEC);
  Serial.print("Supports "); Serial.println(versiondata & 0xFF, HEX);

  // configure board to read RFID tags and cards
  nfc.SAMConfig();
}

void loop(void) {
  uint32_t id;

  id = nfc.readPassiveTargetID(PN532_MIFARE_ISO14443A);
```

```cpp
    SchreibPuffer[15]=10;


    se(nfc.authenticateBlock(1, id ,block_selected,KEY_A,keys))
    {
    written = nfc.writeMemoryBlock(1,block_selected,writeBuffer) ; if(written)
    Serial.println("Write Successful") ;
    }
    }
    ou
    {
    String ReceivedInput = WaitForInput("Block?=") ;
    Serial.print("Bloco selecionado= ") ;
    Serial.println(ReceivedInput) ;

    int bloco_seleccionado= ReceivedInput.toInt() ;
    uint8_t bloco[16] ;
    uint8_t chaves[]= {0xFF,0xFF,0xFF,0xFF,0xFF,0xFF,0xFF,0xFF,0xFF,0xFF} ;
    se(nfc.authenticateBlock(1, id ,block_selected,KEY_A,keys))
    {
    se(nfc.readMemoryBlock(1,block_selected,block))
    {

    for(uint8_t i=0;i<16;i++)
    {
    //Imprimir bloco de memória
    Serial.print(bloco[i], HEX) ;
    Serial.print(" ") ;
    }
    Serial.println() ;
    }
    ou
    {
    Serial.print("Não lido") ;
    }
    }
  }

}

  atraso(500) ;
}

String WaitForInput(String Question) {
Serial.println(pergunta) ;

  while(!Serial.available()) {
      // Espera pela entrada

  }
```

return Serial.readStringUntil(10) ; }

13.   1.2. sensor de impressões digitais

Parte modificada de Adafruit Librena :

Adafruit_Fingerprint.cpp

Aqui está uma biblioteca para o nosso sensor ótico de impressões
digitais

Especialmente concebido para utilização com o sensor de impressões
digitais Adafruit>http://www.adafruit.com/products/751

Estes ecrãs utilizam a série TTL para comunicação, são necessários 2
pinos para a interface.
A Adafruit investe tempo e recursos para disponibilizar este código-
fonte aberto. Obrigado por apoiar a Adafruit e o hardware de código
aberto ao comprar produtos Adafruit!

Escrito por Limor Fried/Ladyada para a Adafruit Industries.
Licença BSD, todo o texto acima deve ser incluído em qualquer
redistribuição

```cpp
#include "Adafruit_Fingerprint.h
#if defined(__AVR__) defined(ESP8266)
    #include <SoftwareSerial.h>
#endif

//#define FINGERPRINT_DEBUG

#se ARDUINO >= 100
  #define SERIAL_WRITE(...) mySerial->write(__VA_ARGS__)
#se
  #define SERIAL_WRITE(...) mySerial->write(__VA_ARGS__, BYTE)
#endif

#define SERIAL_WRITE_U16(v) SERIAL_WRITE((uint8_t)(v>>8)) ;
SERIAL_WRITE((uint8_t)(v & 0xFF)) ;

#define GET_CMD_PACKET(...)
  uint8_t data[] = {__VA_ARGS__}; _VA_ARGS__}; __VA_ARGS__};
__VA_ARGS__}

  Adafruit_Fingerprint_Packet packet(FINGERPRINT_COMMANDPACKET,
sizeof(data), data); \
```

```cpp
  writeStructuredPacket(packet); \
  se (getStructuredPacket(&packet) != FINGERPRINT_OK) return
FINGERPRINT_PACKETRECIEVEERR; \
  se      (packet.type      !=      FINGERPRINT_ACKPACKET)      return
FINGERPRINT_PACKETRECIEVEERR ;

#define SEND_CMD_PACKET(...) GET_CMD_PACKET(__VA_ARGS__) ;      return
paket.daten[0] ;


**

 TAREFAS PÚBLICAS


*/


#se definido(__AVR)   defined(ESP8266)

*/ /* !
    @brief Instale o sensor com o software de série
    @param ss Ponteiro para o objeto SoftwareSerial
    @param password Palavra-passe inteira de 32 bits (predefinição 0)
*/

*/
Adafruit_Fingerprint::Adafruit_Fingerprint(SoftwareSerial *ss, uint32_t
password) {
  thePassword = password ;
  theAddress = 0xFFFFFFFFFF ;

  hwSerial=NULL  ;
  swSerial=ss  ;
  mySerial=swSerial  ;
}
#endif


*/
/* !
    @brief Instale o sensor com o Hardware Serial
    @param hs Ponteiro para o objeto HardwareSerial
    @param password Palavra-passe inteira de 32 bits (predefinição 0)

*/

*/
Adafruit_Fingerprint::Adafruit_Fingerprint(HardwareSerial *hs, uint32_t
password) {
  thePassword = password ;
  theAddress = 0xFFFFFFFFFF ;
```

```cpp
#se definido(__AVR)   defined(ESP8266)
  swSerial=NULL ;
#endif
  hwSerial=hs ;
  mySerial=hwSerial    ;
}


*/
/* !
    @briefInicializa a                          porta série e a
            velocidade de transmissão
    @parambaudrate                         Taxa de transmissão UART
do sensor        (normalmente57600,9600ou
  115200) */

*/
void Adafruit_Fingerprint::begin(uint32_t baudrate) {
  delay(1000) ; // Um atraso de um segundo para o sensor "arrancar".

  se (hwSerial)( taxa de transmissão    ) ;
#se definido(__AVR)   defined(ESP8266)
  se (swSerial) swSerial->begin(baudrate) ;
#endif
}


*/
/* !
    Verifica a palavra-passe de acesso aos sensores (a palavra-passe
predefinida é 0x0000000). Esta é também uma boa forma de verificar se
os sensores estão activos e a responder.
    devolve True se a palavra-passe estiver correcta
*/

*/
boolean Adafruit_Fingerprint::verifyPassword(void) {
  return checkPassword() == FINGERPRINT_OK ;
}

uint8_t Adafruit_Fingerprint::checkPassword(void) {
Serial.println("Verificar a palavra-passe...") ;
  GET_CMD_PACKET(FINGERPRINT_VERIFYPASSWORD,
                (uint8_t)(thePassword >>24  ),(uint8_t)(thePassword
                                      >>)
16),
                (uint8_t)(thePassword >> ),  (uint8_t)(thePassword &
  0xFF)) ;
  se (paket.daten[0] == FINGERPRINT_OK)
    return FINGERPRINT_OK ;
  ou
    return FINGERPRINT_PACKETRECIEVEERR ;
```

```cpp
}

*/
/* !
    @brief Pedir ao sensor para tirar uma fotografia do dedo
pressionado contra a superfície
    @retorna em caso de sucesso <code>FINGERPRINT_OK</code>.
    @Retorno de<code>FINGERPRINT_NOFINGER</code>    se não for
encontrado nenhum dedo
    @Retorno de <code>FINGERPRINT_PACKETRECIEVEERR</code> em caso de
comunicação
 Erro
    @Retorno de <code>FINGERPRINT_IMAGEFAIL</code> em caso de erro de
criação de imagens
 */

 */
 uint8_t Adafruit_Fingerprint::getImage(void) {
   SEND_CMD_PACKET(FINGERPRINT_GETIMAGE) ;
 }


 */ /* !
    @letter Pedir ao sensor para converter a imagem num modelo de
caraterística
    @param slot Local onde o modelo de função deve ser colocado
 (colocar um em 1 e outro em 2 para verificação antes de criar o modelo)
    @retorna em caso de sucesso <code>FINGERPRINT_OK</code>.
    @retorna <code>FINGERPRINT_IMAGEMESS</code> se a imagem estiver
demasiado suja
    @Retorno de <code>FINGERPRINT_PACKETRECIEVEERR</code> em caso de
 erro de comunicação.
    Devolve <code>FINGERPRINT_FEATUREFAIL</code> se as características
da impressão digital não puderem ser reconhecidas
    @retorna <code>FINGERPRINT_INVALIDIMAGE</code> se as
características da impressão digital não forem reconhecidas */
uint8_t Adafruit_Fingerprint::image2Tz(uint8_t slot) {
   SEND_CMD_PACKET(FINGERPRINT_IMAGE2TZ,slot) ;
*/ /* !
    Pedir ao sensor para pegar em dois modelos de características de
impressão e criar um modelo
    @retorna em caso de sucesso <code>FINGERPRINT_OK</code>.
    @Retorno de <code>FINGERPRINT_PACKETRECIEVEERR</code> em caso de
 erro de comunicação.
    @retorna <code>FINGERPRINT_ENROLLMISMATCH</code> em caso de
incompatibilidade de impressões digitais */
uint8_t Adafruit_Fingerprint::createModel(void) {
   SEND_CMD_PACKET(FINGERPRINT_REGMODEL) ;
 }
```

```cpp
/Tamanho da embalagem
uint8_t Adafruit_Fingerprint::setSysParaSize(void) {
  uint8_t packet[] = {0x0e,6,0} ;
  writePacket(theAddress, FINGERPRINT_COMMANDPACKET, sizeof(packet)+2,
packet) ;
  atraso(1000) ;
  uint8_t len = getReply(packet) ;

  se ((len != 1) && (packet[0] != FINGERPRINT_ACKPACKET)) return -1 ;
  return package[1] ;
}


*/
/* !
    @brief Pedir ao sensor para guardar o modelo calculado para
comparação posterior
            @paramlocation O local do modelo#
    @Retorno de <code>FINGERPRINT_OK</code> se      for bem sucedido
    @retorna <code>FINGERPRINT_BADLOCATION</code> se a localização for
inválida
    @Retorno de <code>FINGERPRINT_FLASHERR</code> se o modelo não puder
ser escrito na memória flash
    @Retorno de <code>FINGERPRINT_PACKETRECIEVEERR</code> em caso de
erro de comunicação */
uint8_t Adafruit_Fingerprint::storeModel(uint16_t location) {
  SEND_CMD_PACKET(FINGERPRINT_STORE, 0x01, (uint8_t)(Location >> 8),
(uint8_t)(Location & 0xFF)) ;
*/
/* !
    @brief Pedir ao sensor para carregar um modelo de impressão digital
da memória flash para o buffer 1
            @paramlocation A localização do modelo
    @retorna<código>FINGERPRINT_OK</código> em caso de sucesso
    @retorna <code>FINGERPRINT_BADLOCATION</code> se a localização for
inválida
    @Retorno de <code>FINGERPRINT_PACKETRECIEVEERR</code> em caso de
erro de comunicação */
uint8_t Adafruit_Fingerprint::loadModel(uint16_t location) {
  SEND_CMD_PACKET(FINGERPRINT_LOAD, 0x01, (uint8_t)(Location >> 8),
(uint8_t)(Location & 0xFF)) ;
}


*/
/* !
    @brief Pedir ao sensor para transferir um modelo de impressão
digital de 256 bytes da memória intermédia para a UART
    @retorna em caso de sucesso <code>FINGERPRINT_OK</code>.
```

```
    @Retorno de <code>FINGERPRINT_PACKETRECIEVEERR</code> em caso de
erro de comunicação */
uint8_t Adafruit_Fingerprint::getModel(void) {
  SEND_CMD_PACKET(FINGERPRINT_UPLOAD, 0x01) ;
}




*/
/* !
    @letter Pedir ao sensor para apagar um modelo da memória
            @paramlocation O local do modelo#
             @retorna<código>FINGERPRINT_OK</código>       em caso de
sucesso
    @retorna <code>FINGERPRINT_BADLOCATION</code> se a localização for
inválida
    @retorna<code>FINGERPRINT_FLASHERR</code>  se o modelo não puder ser
encontrado
escrito na memória flash
    @Retorno  de  <code>FINGERPRINT_PACKETRECIEVEERR</code>  em  caso  de
comunicação
Erro
*/
uint8_t Adafruit_Fingerprint::deleteModel(uint16_t location) {
  SEND_CMD_PACKET(FINGERPRINT_DELETE, (uint8_t)(Location >> 8),
(uint8_t)(Location &0xFF), 0x00,  0x01) ;
}



*/
/* !
    @brief Pedir ao sensor para apagar TODOS os modelos em memória
    @retorna em caso de sucesso <code>FINGERPRINT_OK</code>.
    @retorna <code>FINGERPRINT_BADLOCATION</code> se a localização for
inválida
    @retorna<code>FINGERPRINT_FLASHERR</code>. se o modelo não foi
encontrado
escrito na memória flash
    @Retorno  de <code>FINGERPRINT_PACKETRECIEVEERR</code> em caso de
comunicação
Erro
*/
uint8_t Adafruit_Fingerprint::emptyDatabase(void) {
  SEND_CMD_PACKET(FINGERPRINT_EMPTY) ;
}


*/ /* !
    Instrui o sensor a verificar se as características da impressão
digital atual na localização 1 correspondem a quaisquer modelos
```

registados. A localização da correspondência é armazenada em
<b>FingerID</b> e a correspondência em <b>Trust</b>.
    Retorno de <code>FINGERPRINT_OK</code> numa comparação de impressões
digitais bem sucedida
    @Return <code>FINGERPRINT_NOTFOUND</code> nenhuma correspondência
encontrada
    @Retorno de <code>FINGERPRINT_PACKETRECIEVEERR</code> em caso de
erro de comunicação */

```
*/
uint8_t Adafruit_Fingerprint::fingerFastSearch(void) {
  // Pesquisa a alta velocidade para a localização #1 da página 0x0000 e
  da página #0x00A3 GET_CMD_PACKET(FINGERPRINT_HISPEEDSEARCH, 0x01,
  0x00, 0x00, 0x00, 0xA3) ;

  fingerID = paket.daten[1] ;
  fingerID <<= 8 ;
  fingerID |= packet.data[2] ;

  confiança = packet.data[3] ;
  Confiança <<= 8 ;
  confiança |= pacote.dados[4] ;
  return packet.data[0] ;
```



```
*/
/* !
    Pergunte ao sensor quantos modelos estão armazenados na memória.
Se for bem sucedido, o número é armazenado em <b>templateCount</b>.
    @retorna em caso de sucesso <code>FINGERPRINT_OK</code>.
    @Retorno de <code>FINGERPRINT_PACKETRECIEVEERR</code> em caso de
erro de comunicação.
*/

*/
uint8_t Adafruit_Fingerprint::getTemplateCount(void) {
  GET_CMD_PACKET(FINGERPRINT_TEMPLATECOUNT) ;

  templateCount = packet.data[1] ;
  templateCount <<= 8 ;
  templateCount |= packet.data[2] ;

  return packet.data[0] ; }
```

```
*/
/* !
    @brief Definir a palavra-passe para o sensor (é necessária uma
verificação da palavra-passe para futuras comunicações, por isso não
                        se esqueça dela  !!!)
```

```
    @param password Código de palavra-passe de 32 bits
    @retorna em caso de sucesso <code>FINGERPRINT_OK</code>.
    @Retorno de <code>FINGERPRINT_PACKETRECIEVEERR</code> em caso de
erro de comunicação.
*/

*/
uint8_t Adafruit_Fingerprint::setPassword(uint32_t password) {
  SEND_CMD_PACKET(FINGERPRINT_SETPASSWORD, (password >> 24), (
                                                  password>>
16), (palavra-passe >> 8), palavra-passe) ;
} uint8_t Adafruit_Fingerprint::uploadModelTemplate(uint8_t packet2[],
uint8_t packet3[], uint8_t packet4[], uint8_t packet5[], uint8_t
packet6[], uint8_t packet7[], uint8_t packet7[])

  uint8_t packet8[], uint8_t packet9[],uint8_t packet10[],uint8_t
packet11[], uint8_t packet12  [], uint8_t packet13[],uint8_t packet14[]
uint8_t packet15[], packet16[],
  uint8_t packet17[]){
  Serial.println("Descarregar o modelo...") ;
    uint8_t packet[] = {FINGERPRINT_DOWNLOAD, 0x02} ;
    writePacket(theAddress, FINGERPRINT_COMMANDPACKET, sizeof(packet)+2,
packet) ;
    atraso(100) ;
    writePacket(theAddress,   FINGERPRINT_DATAPACKET,   sizeof(packet2)+2,
packet2) ;
    atraso(100) ;
    writePacket(theAddress,   FINGERPRINT_DATAPACKET,   sizeof(packet3)+2,
packet3) ;
    atraso(100) ;
    writePacket(theAddress,   FINGERPRINT_DATAPACKET,   sizeof(packet4)+2,
packet4) ;
     atraso(100) ;
    writePacket(theAddress,   FINGERPRINT_DATAPACKET,   sizeof(packet5)+2,
packet5) ;
     atraso(100) ;
    writePacket(theAddress,   FINGERPRINT_DATAPACKET,   sizeof(packet6)+2,
packet6) ;
    atraso(100) ;
    writePacket(theAddress,   FINGERPRINT_DATAPACKET,   sizeof(packet7)+2,
packet7) ;
    atraso(100) ;
    writePacket(theAddress,   FINGERPRINT_DATAPACKET,   sizeof(packet8)+2,
packet8) ;
     atraso(100) ;
    writePacket(theAddress,   FINGERPRINT_DATAPACKET,   sizeof(packet9)+2,
packet9) ;
     atraso(100) ;
    writePacket(theAddress,   FINGERPRINT_DATAPACKET,   sizeof(packet10)+2,
packet10) ;
```

```cpp
    atraso(100) ;
    writePacket(theAddress, FINGERPRINT_DATAPACKET, sizeof(packet11)+2,
packet11) ;
    atraso(100) ;
    writePacket(theAddress, FINGERPRINT_DATAPACKET, sizeof(packet12)+2,
packet12) ;
    atraso(100) ;
    writePacket(theAddress, FINGERPRINT_DATAPACKET, sizeof(packet13)+2,
packet13) ;
    atraso(100) ;
    writePacket(theAddress, FINGERPRINT_DATAPACKET, sizeof(packet14)+2,
packet14) ;
    atraso(100) ;
    writePacket(theAddress, FINGERPRINT_DATAPACKET, sizeof(packet15)+2,
packet15) ;
    atraso(100) ;
    writePacket(theAddress, FINGERPRINT_DATAPACKET, sizeof(packet16)+2,
packet16) ;
    atraso(100) ;
    writePacket(theAddress,                        FINGERPRINT_ENDDATAPACKET,
sizeof(packet17)+2, packet17) ;
    atraso(100) ;
    uint8_t len = getReply(package) ;
    se ((len != 1) && (packet[0] != FINGERPRINT_ACKPACKET)) return -1 ;
    return package[1] ;
}

uint8_t Adafruit_Fingerprint::uploadModel(void) { Serial.println("Carrega
    o modelo...") ;
    uint8_t packet[] = {FINGERPRINT_DOWNLOAD, 0x02} ;
uint8_t packet2[] =,        0x1, 0x5D, 0x11, 0x87, 0x0, 0xC0, 0x2, 0x80
0x0, 0x0, 0x0, 0x0, 0x0,  0x0,0x0, 0x0, 0x0, 0x80,0x2, 0x80, 0x2, 0x80,
0x2, 0x80, 0x6, 0xC0, 0x6,                    0xC0, 0xE, 0xE0,     0x1E,
    0x6, 0xFD} ;
uint8_t packet3[] = 0xFE,0xFF,0xFF,    0xFE, 0xFF, 0xFF  ,0xFE        , 0x0,
0x0, 0x0, 0x0,0x0, 0x0, 0x0,0x0, 0x0, 0x0, 0x0, 0x0,
0x0, 0x0, 0x0, 0x0,
0x3C,0x84, 0xA0, 0x36,   , 0x89, 0x60, 0x9E, 0xB, 0x80}
uint8_t                                                     packet4[]
=                   ,        0x10, 0x9A, 0xBE, 0x26,0x93, 0x5E,      0x5E
,
0x97,0x97, 0x9E, 0x35, 0x98,0xC1, 0xFE, 0x53, 0x9F,0xAA, 0x9E,
0xAC,0x17, 0x1E, 0x30, 0xB2,0x17, 0x9E, 0x2B, 0xA9,0xC1, 0xDF, 0xF
0x5E} ;
uint8_t packet5[] =,        0x31, 0x81, 0x9F, 0x12, 0x1D, 0x1C, 0x3C,
                0x1E,
0x1A, , 0xBA, 0x18,    0x9C, 0x5, 0xB2, 0x1D, 0x9E, 0x9C, 0x32,   0x1A
0x14, 0x9D, 0xB8, 0x1D, 0x14, 0x5E, 0xF7, 0x0, 0x0,    0x0, 0x0, 0x9,
    0x17}
uint8_tpacket6 []  , 0x0, 0x0, 0x0,  0x0, 0x0,  0x0, 0x0, 0x0, 0x0,
```

```c
0x0, 0x0, 0x0, 0x0,   0x0, 0x0,  0x0, 0x0,  0x0,0x0,  0x0,  0x0,  0x0,  0x0, 0x0,
0x0, 0x0, 0x0, 0x0,   0x0,0x0,  0x0, 0x0,   0x24}
uint8_tpacket7 []  ,  0x0, 0x0,  0x0,   0x0, 0x0,   0x0,  0x0,  0x0,  0x0,
0x0, 0x0, 0x0, 0x0,   0x0,0x0,  0x0, 0x0,   0x0,0x0,  0x0,  0x0,  0x0,  0x0, 0x0,
0x0, 0x0, 0x0, 0x0,   0x0,0x0,  0x0, 0x0,   0x24}
uint8_tpacket8 []  ,  0x0, 0x0,  0x0,   0x0, 0x0,   0x0,  0x0,  0x0,  0x0,
0x0, 0x0, 0x0, 0x0,   0x0,0x0,  0x0, 0x0,   0x0,0x0,  0x0,  0x0,  0x0,  0x0, 0x0,
0x0, 0x0, 0x0, 0x0,   0x0,0x0,  0x0, 0x0,   0x24}
uint8_tpacket9 []  ,  0x0, 0x0,  0x0,   0x0, 0x0,   0x0,  0x0,  0x0,  0x0,
0x0, 0x0, 0x0, 0x0,   0x0,0x0,  0x0, 0x0,   0x0,0x0,  0x0,  0x0,  0x0,  0x0, 0x0,
0x0, 0x0, 0x0, 0x0,   0x0,0x0,  0x0, 0x0,   0x24}
uint8_t packet10[] =,         0x1,  0x51, 0xD, 0x7F,    0x0, 0xFF, 0xFE, 0xFF,
0xFE, 0xF9, 0xFE, 0xE0,  0x6,  0xE0, 0x2, 0x80,  0x0,0x0   ,    0x0,0x0,
                        0x0
0x0, 0x0, 0x0, 0x0, 0x0,  0x2,0x0,  0x2, 0x80, 0x2, 0x9, 0xC4}
uint8_tpacket11    [],        0x6,  0xC0, 0x6,  0xC0, 0xE, 0xE0,   0x3E, 0x0,
0x0, 0x0, 0x0, 0x0, 0x0, 0x0, 0x0, 0x0, 0x0, 0x0, 0x0, 0x0, 0x0, 0x0,
     0x0,
0x4C, 0x97, 0xCC, 0x1E,0x22, 0x9B, 0x21, 0xFE,  0x7,   0x5}
uint8_tpacket12    [],        0xA2, 0xA1, 0x3E, 0x45, 0x2D, 0x99,0xFE,
0x24, 0xB0, 0xDD, 0xDE,0x49, 0x33, 0xD6, 0xBE,  0x34,0xB6,  0x1,  0x7E
0x1E, 0x37, 0x84, 0x5E,0x53, 0x3B, 0xAA, 0x1E,  0x3F,0x97,  0xA3,0x5A
0xE, 0x4E} ;
uint8_t packet13[] =,        0xB2, 0x1D,0xBA, 0x43,   0x99, 0xE4, 0x78,
0x1C, 0x30, 0x5E,  0x38,0x0, 0x0, 0x0, 0x0, 0x0, 0x0, 0x0, 0x0, 0x0,
     0x0,
0x0, 0x0, 0x0, 0x0, 0x0, 0x0, 0x0, 0x0,  0x0,0x0,      , 0xDE}
uint8_tpacket14  [], 0x0,  0x0, 0x0, 0x0,  0x0, 0x0,  0x0, 0x0,  0x0,
0x0, 0x0, 0x0, 0x0, 0x0, 0x0, 0x0, 0x0, 0x0,0x0, 0x0, 0x0,0x0,  0x0, 0x0
,
0x0, 0x0, 0x0, 0x0,0x0,0x0,0x0,0x0,0x24}
uint8_tpacket15  [], 0x0,  0x0, 0x0, 0x0,  0x0, 0x0,  0x0, 0x0,  0x0,
0x0, 0x0, 0x0, 0x0, 0x0, 0x0, 0x0, 0x0, 0x0,0x0, 0x0, 0x0,0x0,  0x0, 0x0
,
0x0, 0x0, 0x0, 0x0, 0x0, 0x0, 0x0, 0x0,  0x24}
uint8_tpacket16  [], 0x0,  0x0,  0x0,0x0,0x0,0x0,0x0,0x0,0x0     ,
0x0, 0x0, 0x0, 0x0, 0x0, 0x0, 0x0, 0x0, 0x0,0x0, 0x0, 0x0,0x0,  0x0, 0x0
,
0x0, 0x0, 0x0, 0x0, 0x0, 0x0, 0x0, 0x0,  0x24}
uint8_tpacket17  [], 0x0,  0x0, 0x0, 0x0,  0x0, 0x0,  0x0, 0x0,  0x0,
0x0, 0x0, 0x0, 0x0, 0x0, 0x0, 0x0, 0x0, 0x0,0x0, 0x0, 0x0,0x0,0x0,0x0, 0
x0   ,
0x0, 0x0, 0x0, 0x0, 0x0, 0x0, 0x0, 0x0,  0x2A}
    writePacket(theAddress, FINGERPRINT_COMMANDPACKET, sizeof(packet)+2,
packet) ;
    atraso(100) ;
    writePacket(theAddress,  FINGERPRINT_DATAPACKET,  sizeof(packet2)+2,
packet2) ;
    atraso(100) ;
```

```c
    writePacket(theAddress, FINGERPRINT_DATAPACKET, sizeof(packet3)+2,
packet3) ;
    atraso(100) ;
    writePacket(theAddress, FINGERPRINT_DATAPACKET, sizeof(packet4)+2,
packet4) ;
     atraso(100) ;
    writePacket(theAddress, FINGERPRINT_DATAPACKET, sizeof(packet5)+2,
packet5) ;
     atraso(100) ;
    writePacket(theAddress, FINGERPRINT_DATAPACKET, sizeof(packet6)+2,
packet6) ;
    atraso(100) ;
    writePacket(theAddress, FINGERPRINT_DATAPACKET, sizeof(packet7)+2,
packet7) ;
    atraso(100) ;
    writePacket(theAddress, FINGERPRINT_DATAPACKET, sizeof(packet8)+2,
packet8) ;
     atraso(100) ;
    writePacket(theAddress, FINGERPRINT_DATAPACKET, sizeof(packet9)+2,
packet9) ;
     atraso(100) ;
    writePacket(theAddress, FINGERPRINT_DATAPACKET, sizeof(packet10)+2,
packet10) ;
     atraso(100) ;
    writePacket(theAddress, FINGERPRINT_DATAPACKET, sizeof(packet11)+2,
packet11) ;
     atraso(100) ;
    writePacket(theAddress, FINGERPRINT_DATAPACKET, sizeof(packet12)+2,
packet12) ;
    atraso(100) ;
    writePacket(theAddress, FINGERPRINT_DATAPACKET, sizeof(packet13)+2,
packet13) ;
    atraso(100) ;
    writePacket(theAddress, FINGERPRINT_DATAPACKET, sizeof(packet14)+2,
packet14) ;
     atraso(100) ;
    writePacket(theAddress, FINGERPRINT_DATAPACKET, sizeof(packet15)+2,
packet15) ;
     atraso(100) ;
    writePacket(theAddress, FINGERPRINT_DATAPACKET, sizeof(packet16)+2,
packet16) ;
     atraso(100) ;
    writePacket(theAddress,                         FINGERPRINT_ENDDATAPACKET,
sizeof(packet17)+2, packet17) ;
     atraso(100) ;
    uint8_t len = getReply(packet) ;
    se ((len != 1) && (packet[0] != FINGERPRINT_ACKPACKET))
        Voltar -1 ;
    return package[1] ;
```

```cpp
  }
uint8_t Adafruit_Fingerprint::getMatch(void) {
Serial.println("COMBINAÇÃO...") ;
Confiança = 0xFFFFFF ;

    uint8_t packet[] = {FINGERPRINT_MATCH, 0x01} ;
    writePacket(theAddress, FINGERPRINT_COMMANDPACKET, sizeof(packet)+2,
packet) ;
    atraso(1000) ;
    uint8_t len = getReply(package) ;
  se ((len != 1) && (packet[0] != FINGERPRINT_ACKPACKET))
   Voltar -1 ;


  confiança = pacote[2] ;
  Confiança <<= 8 ;
  trust |= pacote[3] ;

  return package[1] ;
}
void Adafruit_Fingerprint::writePacket(uint32_t addr, uint8_t packettype,
                            uint16_t len, uint8_t *packet) {
#ifdef FINGERPRINT_DEBUG
  Serial.print("---> 0x") ;
  Serial.print((uint8_t)(FINGERPRINT_STARTCODE >> 8), HEX) ;
  Serial.print(" 0x") ;
  Serial.print((uint8_t)FINGERPRINT_STARTCODE, HEX) ;
  Serial.print(" 0x") ;
  Serial.print((uint8_t)(addr>>24 ),    ) ;
  Serial.print(" 0x") ;
  Serial.print((uint8_t)(addr>>16 ),    ) ;
  Serial.print(" 0x") ;
  Serial.print((uint8_t)(addr >>  ),    ) ;
  Serial.print(" 0x") ;
  Serial.print((uint8_t)(addr), HEX) ;
  Serial.print(" 0x") ;
  Serial.print((uint8_t)packetype, HEX) ;
  Serial.print(" 0x") ;
  Serial.print((uint8_t)(len >> 8), HEX) ;
  Serial.print(" 0x") ;
  Serial.print((uint8_t)(len), HEX) ;
#endif

#se ARDUINO >= 100
  mySerial->write((uint8_t)(FINGERPRINT_STARTCODE >> 8)) ;
  mySerial->write((uint8_t)FINGERPRINT_STARTCODE) ;
  mySerial->write((uint8_t)(addr >>24    )) ;
  mySerial->write((uint8_t)(addr >>16    )) ;
  mySerial->write((uint8_t)(addr >> )) ;
  mySerial->write((uint8_t)(addr)) ;
```

```cpp
  mySerial->write((uint8_t)packettype) ;
  mySerial->write((uint8_t)(len >> 8)) ;
  mySerial->write((uint8_t)(len)) ;
#se
  mySerial->print((uint8_t)(FINGERPRINT_STARTCODE >> 8), BYTE) ;
  mySerial->print((uint8_t)FINGERPRINT_STARTCODE, BYTE) ;
  mySerial->imprimir((uint8_t)(addr  >>24    ), BYTE) ;
  mySerial->imprimir((uint8_t)(addr  >>16    ), BYTE) ;
  mySerial->imprimir((uint8_t)(addr  >>      ), BYTE) ;
  mySerial->print((uint8_t)(addr), BYTE) ;
  mySerial->print((uint8_t)packetype, BYTE) ;
  mySerial->print((uint8_t)(len >> 8), BYTE) ;
  mySerial->print((uint8_t)(len), BYTE) ;

#endif

  uint16_t      sum=(len>>8)              + (len&0xFF)  + tipo de pacote ;
  for (uint8_t  ; i< len-2; i++)
#se               ARDUINO>=100
    mySerial->write((uint8_t)(packet[i])) ;
#se
    mySerial->print((uint8_t)(packet[i]), BYTE) ;
#endif
#ifdef FINGERPRINT_DEBUG
    Serial.print(" 0x") ; Serial.print(packet[i], HEX) ;
#endif
    Total += pacote[i] ;
  }
#ifdef FINGERPRINT_DEBUG
  //Serial.print("Checksum = 0x"); Serial.println(sum) ;
  Serial.print(" 0x"); Serial.print((uint8_t)(sum>>8), HEX) ;
  Serial.print(" 0x"); Serial.println((uint8_t)(soma),      ) ;
#endif
#se ARDUINO >= 100
  mySerial->write((uint8_t)(sum>>8)) ;
  mySerial->write((uint8_t)sum) ;
#se
  mySerial->print((uint8_t)(sum>>8), BYTE) ;
  mySerial->print((uint8_t)sum, BYTE) ;
#endif
}

uint8_t Adafruit_Fingerprint::getReply(uint8_t packet[], uint16_t
timeout) {
  uint8_t resposta[20], idx ;
  uint16_t temporizador=0 ;

  idx = 0 ;
#ifdef FINGERPRINT_DEBUG
```

```cpp
  Serial.print("<--- ) ;
#endif
while (true) {
    while (!mySerial->available()) {
      Prazo(1) ;
      temporizador++ ;
      se (temporizador >= tempo limite) return FINGERPRINT_TIMEOUT ;
    }
    // algo para ler!
    reply[idx] = mySerial->read() ;
#ifdef FINGERPRINT_DEBUG
    Serial.print(" 0x") ; Serial.print(Answer[idx], HEX) ;

#endif
    se ((idx == 0) && (réponse[0] != (FINGERPRINT_STARTCODE >> 8)))
      continue ;
    idx++ ;

    // verificar o pacote !
    se (idx>= 9)
      se ((resposta[0] !=                     (FINGERPRINT_STARTCODE
                >> 8))
        (Resposta[1] !=     (FINGERPRINT_STARTCODE & 0xFF))
          return FINGERPRINT_BADPACKET ;
      uint8_t packettype = response[6] ;
      //Serial.print("Tipo de pacote") ; Serial.println(Tipo de pacote) ;
      uint16_t len = resposta[7] ;
      len <<= 8 ;
      len|= Resposta[8] ;
      len-=        2 ;
      //Serial.print("Package len"); Serial.println(len) ;
      se (idx <= (len+10)) continua ;
      packet[0] = packetype ;
      for (uint8_t i=0; i<len; i++) {
        Pacote[1+i] = Resposta[9+i]
      }
#ifdef FINGERPRINT_DEBUG
      Serial.println() ;
#endif
      return len ;
    }
  }
}

*/
/* !
          @briefUma função    auxiliar           para        processar
          um pacote e         encaminhá-lo        para
o sensor
          Estrutura do pacote @Param             que contém  os
```

```cpp
            bytes a                transmitir
*/

*/ void Adafruit_Fingerprint::writeStructuredPacket(const.
Adafruit_Fingerprint_Packet & packet) {
  SERIAL_WRITE_U16(packet.start_code) ;
  SERIAL_WRITE(packet.address[0]) ;
  SERIAL_WRITE(packet.address[1]) ;
  SERIAL_WRITE(packet.address[2]) ;
  SERIAL_WRITE(packet.address[3]) ;
  SERIAL_WRITE(package.type) ;

  uint16_t comprimento_do_fio = comprimento do pacote + 2 ;
  SERIAL_WRITE_U16(Comprimento_da_fio) ;

  uint16_t        soma        =        ((comprimento_do_fio)>>8)        +
                                       ((comprimento_do_fio)&0xFF)      +
paket.typ ;
  for (uint8_t i=0 ; i< packet.length ;      )
    SERIAL_WRITE(packet.data[i]) ;
    Soma += paket.daten[i] ;
  }

  SERIAL_WRITE_U16(sum) ;
  Voltar ao início ;
}


//Transferência de um modelo de impressão digital do Char Buffer 1 para o
computador anfitrião
uint8_t Adafruit_Fingerprint::getModel2(void) {
    uint8_t packet[] = {FINGERPRINT_UPLOAD, 0x02} ;
    writePacket(theAddress, FINGERPRINT_COMMANDPACKET, sizeof(packet)+2,
packet) ;
    uint8_t len = getReply(recvPacket) ;

    se ((len != 1) && (recvPacket[0] != FINGERPRINT_ACKPACKET))
        Voltar -1 ;
    return recvPacket[1] ;
    return recvPacket[2] ;
}


*/
/* !
          Função @briefHelper, que                              recebe
          dados do sensor através de UART                       e
transformá-lo num pacote
    @parampacket                   Uma estrutura   contendo   os   bytes
recebidos
    @param timeout quantos milissegundos devem ser esperados
    @retorna em caso de sucesso <code>FINGERPRINT_OK</code>.
```

```
    @Retorno de <code>FINGERPRINT_TIMEOUT</code> ou
<code>FINGERPRINT_BADPACKET</code> em caso de falha
*/

*/
uint8_t
Adafruit_Fingerprint::getStructuredPacket(Adafruit_Fingerprint_Packet *)
packet, uint16_t timeout) {
  uint8_t byte ;
  uint16_t idx=0, timer=0 ;

  while(true) {
    while(!mySerial->available()) {
      Prazo(1) ;
      temporizador++ ;
      se (o temporizador >= tempo limite) {
#ifdef FINGERPRINT_DEBUG
      Serial.println("Tempo limite") ;
#endif
      return FINGERPRINT_TIMEOUT ;
      }
    }
    byte = mySerial->read() ;
#ifdef FINGERPRINT_DEBUG
    Serial.print("<- 0x"); Serial.println(byte, HEX) ;
#endif
    switch (idx) {
      Caso 0 :
        se (byte != (FINGERPRINT_STARTCODE >> 8)) continuar ;
        packet->start_code = (uint16_t)byte << 8 ;
        Pausa ;
      case 1:
        packet->start_code |= byte ;
        se (packet->start_code != FINGERPRINT_STARTCODE) return
        FINGERPRINT_BADPACKET ;
        Pausa ;
      case 2:
      case 3:
      case 4:
      case 5:
        packet->address[idx-2] = byte ;
        Pausa ;
      case 6:
      packet->type = byte ;
      Pausa ;
      case 7:
      packet->length = (uint16_t)byte << 8 ;
      Pausa ;
      case 8:
```

```
      packet->length |= byte ;
      Pausa ;
      Norma :
        packet->data[idx-9] = byte ;
        se((idx-8) == packet->length) return FINGERPRINT_OK ;
        Pausa ;
    idx++ ;
  }
  // Não devia acontecer aqui, por isso... return FINGERPRINT_BADPACKET
  ;
}
```

Sensor_Fingerprint.ino

```
#include <Adafruit_Fingerprint.h>
#include <SoftwareSerial.h>
#include <SPI.h>
#include <Ethernet.h>
#include <PubSubClient.h>

char txtMsg [10] ;
EthernetClient ethClient ;
Cliente PubSubClient(ethClient) ;

SoftwareSerial mySerial(2, 3) ;

Adafruit_Fingerprint finger = Adafruit_Fingerprint(&mySerial) ;

void setup() {
  Serial.begin(9600) ;
  readData() ;
  byte mac[] = { 0xDE, 0xAD, 0xBE, 0xEF, 0xFE, 0xED } ;
  Endereço IP mqtt_server(192,168,, 156)
  // Definir a taxa de dados para o interface série do sensor
  finger.begin(9600) ;
   se (finger.verifyPassword()) {
    Serial.println("Sensor de impressões digitais detectado!)
    si (Ethernet.begin(mac)0)
      Serial.println("Falha ao configurar a Ethernet usando DHCP"); }
    client.setServer(mqtt_server, 1883) ;
    //readData() ;
  caso contrário {
    Serial.println("Não consegui encontrar um sensor de impressões
    digitais :("); while (1) ;
  }

}

void loop() { int id = 1 ;
```

```
  int p-1 ;
  Serial.print("Estou à espera de um dedo válido para me registar como
#"); Serial.println(id) ;
  enquanto (p != FINGERPRINT_OK) {
    p = finger.getImage() ;
    switch (p) {
    FINGERPRINT_OK case :
      Serial.println("Imagem capturada") ;
      Pausa ;
    Caixa FINGERPRINT_NOFINGER :
      Serial.println(".") ;
      Pausa ;
    Norma :
      Serial.println("Erro desconhecido") ; break ;
    }
  }

  // OK Sucesso!

  p = finger.image2Tz(1) ;
  switch (p) {
    FINGERPRINT_OK case :
      Serial.println("Imagem convertida") ; break ;
    Caso FINGERPRINT_IMAGEMESS :
      Serial.println("Imagem demasiado confusa") ; return p ;
    Norma :
      Serial.println("Erro desconhecido") ; return p ;
  }

  Serial.println("Remover dedo") ;
  Prazo (2000) ;
  p = 0 ;
  enquanto (p != FINGERPRINT_NOFINGER) {
    p = finger.getImage() ;
  }
  Serial.print("ID ") ; Serial.println(id) ;
       p-1
  Serial.println("Volte a colocar o mesmo dedo") ;
  enquanto (p != FINGERPRINT_OK) {
    p = finger.getImage() ;
    switch (p) {
    FINGERPRINT_OK case :
      Serial.println("Imagem capturada") ;

      Pausa ;
    Caixa FINGERPRINT_NOFINGER :
      Serial.print(".") ;
      Pausa ;
    Norma :
```

```
    Serial.println("Erro desconhecido") ; break ;
  } }

// OK Sucesso!

p = finger.image2Tz(2) ;
switch (p) {
  FINGERPRINT_OK case :
    Serial.println("Imagem convertida") ; break ;
  Caso FINGERPRINT_IMAGEMESS :
    Serial.println("Imagem demasiado confusa") ; return p ;
  case FINGERPRINT_PACKETRECIEVEERR : Serial.println("Erro de
    comunicação") ; return p ;
  Norma :
    Serial.println("Erro desconhecido") ; return p ;
}

// OK converter!
Serial.print("Criar um modelo para #"); Serial.println(id) ;

p = finger.createModel() ;
se (p == FINGERPRINT_OK) {
  Serial.println("Imprimir correspondência!") ;
} else if (p == FINGERPRINT_PACKETRECIEVEERR) { Serial.println("Erro
  de comunicação") ;
  voltar à p ;
caso contrário {
  Serial.println("Erro desconhecido") ; return p ;
}

Serial.print("ID ") ; Serial.println(id) ;
p = finger.storeModel(id) ;
se (p == FINGERPRINT_OK) { Serial.println("Guardado!") ;
} else if (p == FINGERPRINT_PACKETRECIEVEERR) {

  Serial.println("Erro de comunicação") ; return p ;
caso contrário {
  Serial.println("Erro desconhecido") ;
  voltar à p ;
}
atraso(1000) ;
p = finger.loadModel(id) ;
se (p == FINGERPRINT_OK) {
  Serial.println("Modelo carregado!") ;
} else if (p == FINGERPRINT_PACKETRECIEVEERR) { Serial.println("Erro de
  comunicação") ;
  voltar à p ;
caso contrário {
  Serial.println("Erro desconhecido") ; return p ;
}
```

```
    p = finger.uploadModel() ;
    switch (p) {
      FINGERPRINT_OK case :
        Serial.print("upload        ")        ;        Serial.print(id)        ;
Serial.println("loaded");Serial.println(p) ;
        Serial.read() ;
        Pausa ;
      Case FINGERPRINT_PACKETRECIEVEERR :
        Serial.println("Erro de comunicação") ;
        voltar à p ;
      Norma :
        Serial.println("Erro desconhecido") ; Serial.println(p) ; return p
        ;
}
  uint8_t c = finger.getMatch() ;
  comutar (c) {
      FINGERPRINT_OK case :
        Serial.print("Acertos!") ; Serial.print("Confiança: ") ;
Serial.println(c.confidence) ;
        sendResults() ;
        Pausa ;
      Norma :
        Serial.println("Sem correspondência!") ; Serial.println(c) ; return
        c ;
} readData() ;
}

void sendResults(){ while(true){
    atraso(5000) ;
    Serial.println("Enviar resultados para a BD"); se
    (!client.connected()) {
      Serial.print("Ligar ...N") ; client.connect("Arduino client") ;
    caso contrário {
      client.publish("colegio/mesa", txtMsg); break ;
    }
  }
}

void readData(){
  Serial.println("Prima qualquer tecla para iniciar"); //Receber dados
    do PN532 Serial.println("À espera de dados"); while(true){
    if(Serial.available()>0){
        Serial.readBytes(txtMsg, 10) ; delay(3000) ;
        Pausa ;
    }
  }
```

Servidor local

iniDB.py

Script que elimina o conteúdo da base de dados se existirem dados do eleitor e que a inicializa com os dados por defeito do eleitor, mesmo que este não tenha votado.

```python
#!/usr/bin/python
# Autor : David Sola
# coding=utf-8 import MySQLdb

#Ligação à banda desenhada
db = MySQLdb.connect("localhost", "root", "racine", "TFM" )

#Inicialização do cursor cursor = db.cursor()

# Criar uma tabela de eleitores
cursor.execute("DROP TABLE IF EXISTS voters")

sql = """
            CREATE TABLE voters (id INT NOT NULL PRIMARY KEY
AUTO_INCREMENT,
                    nome VARCHAR(20),
                    surname1 VARCHAR(20), surname2 VARCHAR(20), dni
                    VARCHAR(20),    gender    VARCHAR(1),    idSchool
                    VARCHAR(8), haVoted BOOLEAN NOT NULL DEFAULT 0,
                    dateVoting TIMESTAMP NULL
        ) ;
        """

cursor.execute(sql)

#inserir na tabela de teste :
    consulta="""
        INSERT INTO Eleitores
        ('name',' name',' name2' ,'dni',' gender',' idSchool')
        VALUES
        ('ALEX', 'PEREZ', 'GONZALEZ','11111111A','H','00001193')
        """""
    cursor.execute(request)

    db.commit()

    consulta="""
        INSERT INTO Eleitores
        ('name',' name',' name2' ,'dni',' gender',' idSchool')
        VALORES
        ('MARIA', 'RIERA', 'FUENTE','12345678B','M', '00001193')
        """
    cursor.execute(request)
    db.commit()

    consulta="""
        INSERT INTO Eleitores
        ('name','surname1','surname2','dni','gender', 'idSchool')
```

```
        VALORES
        ('JAVIER', 'SANCHEZ', 'FORNT','87654321C','H', '00001193')
        """

    cursor.execute(request)
    db.commit()

    consulta="""
        INSERT INTO Eleitores
        ('name','surname1','surname2','dni','gender','idSchool')
        VALORES
        ('TERESA',      'MORALES',      'PRAT',      '12348765D',      'M',
                                        '00001193')

        """

    cursor.execute(request)
    db.commit()
exceto
    db.rollback() db.close()
```


Uma série de funções potencialmente reutilizáveis para consultar, extrair e armazenar os dados dos eleitores na base de dados:

```
                                                          MySQLdb
                            David
                                        athe
        MySQLdb.connect("localhost", "root", "racine", "TFM")

                                                         Cursor
                                                        .cursor()


    defe                                    getInfoVoter(dni) :
        experimentar:
            query = "SELECT * FROM Voters WHERE dni='" + dni
        +

        ';"
            consulta de impressão
            cursor.execute(request)
            Linha = cursor.fetchone()
            Passo atrás
        exceto

    defe                                    updateHaVoted(dn
  sa
        i) : try :
            consulta = "UPDATE votante SET haVotado=1,
        fechaVotacion=agora()
```

```python
    ONDE            dni           '              ' ;"
                consulta de impressão
                cursor.execute(query) db.commit() Line
                                    cursor.fetchone()
        exceto
            print            "Erro de atualização           do
        eleitorado        ".


    se                                      __name__"__hand__" :
            getInfoVotante("11111111A"
```

managerServer.py

Script responsável por gerir as consultas a partir da tabela, enviar os dados do eleitor para o ecrã correspondente e atualizar a base de dados.

```python
*Autor : David Sola
importar paho.mqtt.client as mqtt
importar utilsSQL como uSQL
importar json
importar base64

BROKER_ADDRESS = "192.168.1.50" #Local
#BROKER_ADDRESS = "192.168.204.122" #UPC School


# A chamada de retorno se o cliente receber uma resposta CONNACK do
servidor.
def on_connect(client, userdata, flags, rc) :
    print("Ligado ao código de resultado "+str(rc))

def on_message(client, userdata, message) :
        print "Assunto da mensagem: " + message.topic
        print "Mensagem recebida :  message.payload #message.topic
message.qos message.retain

    se message.topic == "school/table
            infoSlector = uSQL.getInfoSlector(message.payload) #
dniSlector
            print "Dados da BD: %s" %(infoSelector,)
            voterSerialized = createVoterJson(infoVoter)
            print("Publicação na escola/servidor")
            client.publish("escola/servidor",
json.dumps(voterSerialized))
        elif mensagem.tópico == "Escola/Anúncio" :
            result = json.loads(message.payload) print(result["dni"])
            se result["ok"] == 1 :
                    uSQL.updateVoted(resultado["dni"])


def createVoterJson(infoVoter) :
    Dados = {}
    dados["dni"] = infoSelector[4]
```

```python
        data["first name"] = infoSelector[1]
        data["firstSurname"] = informação do eleitor[2]
        data["secondname"] = infoSelector[3]
        dados["género"] = infoSelector[5]
        dados["haChoisi"] = infoChoisi[7]
        print "Selectores serializados: " + json.dumps(data)

        f=open("images/"+ data["dni"] +.png",    "rb")
        contentFile = f.read() byteArr=     bytes(contentFile)
        encoded=     base64.encodestring(byteArr)
        dados["foto"] = encriptados return dados

print("Criar uma nova instância")
cliente = mqtt.Client("P1") #criar uma nova instância
client.on_connect = on_connect
client.on_message = on_message

print("Ligar ao corretor...")
client.connect(BROKER_ADDRESS) #Estabelece uma ligação com o corretor
print("Subscrever tópicos", "colegio/mesa | colegio/display")
client.subscribe([("colegio/mesa", 2),("colegio/display", 2)])

cliente.loop_forever()
```

11.1.4. ecrã

managerDisplay.py

Script que recupera informações do eleitor, exibe-as através de uma interface gráfica e envia o resultado da operação para o servidor local.

```python
*Autor : David Sola
importar de Tkinter *
importar paho.mqtt.client as mqtt
Importação
importar json
importar base64
de PIL import ImageTk, image
from PIL import ImageFile

BROKER_ADDRESS = "192.168.1.50" #Local
#BROKER_ADDRESS = "192.168.204.122" #UPC School

TOPIC_COLEGIUM_SERVER = "Escola/Servidor
jsonVoter = {}

def center(toplevel) :
    toplevel.update_idletasks()
    w = toplevel.winfo_screenwidth()
    h = toplevel.winfo_screenheight()
    size = tuple(int(_) for _ in
```

```python
toplevel.geometry().split('+')[0].split('x'))
        x = w/2 - tamanho[0]/2
        y = h/2 - tamanho[1]/2
        toplevel.geometry("%dx%d+%d+%d+%d+%d+%d" % (size + (x    ,))))

def on_connect(client, userdata, flags, rc) :
    print("Ligado ao código de resultado" + str(rc))
    client.subscribe(TOPIC_COLEGIUM_SERVER)

def votingOk(window, jsonVoter, result) :
        print("Validação bem sucedida: " + str(resultado))
        Resultado = {}
        resultado["dni"] = jsonVoter["dni"]
        resultado["ok"] = 1
        cliente.publish("School/Announcement", json.dumps(result))
        janela.destruir()

def votacionNoOk(window, jsonVotante, result) :
        print("A validação falhou" + str(resultado))
        Resultado = {}
        result["dni"] = jsonVoter["dni"]
        resultado["ok"] = 0
        cliente.publish("School/Announcement", json.dumps(result))
        janela.destruir()

def checkHaVoted(window, haVoted) :
        se(haVoted == 1) :
            haVoted = Label(window, text="YA HAVE VOTED", font="Helvetica
18 bold", foreground="red")
            haVoted.grid(row=0, sticky="W")

def on_message(client, userdata, msg) :
    print ("         Assunto+msg.Assunto)
    jsonVoter = json.loads(msg.payload)

    imagePath = "images/" + jsonVotante["dni"] + ".png"
    f=open(imagePath, "w+")
    imageDecoded = base64.decodestring(jsonVoter["photo"])
    f.write(imageDecoded)
    print("Caminho da imagem :                    imagePath)

    print "dni voter :     jsonVoter["dni"]

    Janela = Tk()
    window.title("Eleitor")
    ventana.geometry("666x400")
    centro(janela)

    checkVoteHaVoted(window, jsonVoter["hasVoted"])

    name = Label(window, text="Nome: " + jsonVoter["firstName"])
    name.grid(rank=1, sticky="W")
```

```python
    Último nome = Etiqueta (janela, texto="Último nome: " +
jsonVoter["firstLastName"]""        +jsonVoter["secondLastName"])
    surname.grid(row=2, sticky="W")

    dni = Label(window, text="DNI :     jsonVoting["dni"])
    dni.grid(linha=3, sticky="W")

    género = Label(window, text="género :         jsonVoter["género"])
    sex.grid(linha=4, sticky="W")

    ImageFile.LOAD_TRUNCATED_IMAGES = Verdadeiro
    imagem = Image.open(imagePath)
    Foto = ImageTk.PhotoImage(Imagem)
    painelImg = Etiqueta(Janela, Imagem=Foto)
    panelImg.grid(rank=5, sticky="NW")

    se(jsonVoter["hasVoted"] == 0) :
            buttonOk =Button(window, text="OK",  "verde,
command=lambda : votacionOk(window, jsonVotante, 1))
            botonOk.grid(linha=10, coluna=0, sticky="W")


    buttonNok = Button(window, text="Cancel", bg="red", command=lambda :
votingNoOk(window, jsonVoter, 0))
    botonNok.grid(linha=10, coluna=0, sticky="E")

    window.mainloop() # executar o programa


cliente = mqtt.Client()
client.on_connect = on_connect
client.on_message = on_message
print("Subscrever o tópico " + TOPIC_COLEGIUM_SERVER)
client.connect(BROKER_ADDRESS)

cliente.loop_forever()
```

Ligações de hardware

O esquema de ligação para a comunicação entre os diferentes microcontroladores e os seus componentes é o seguinte

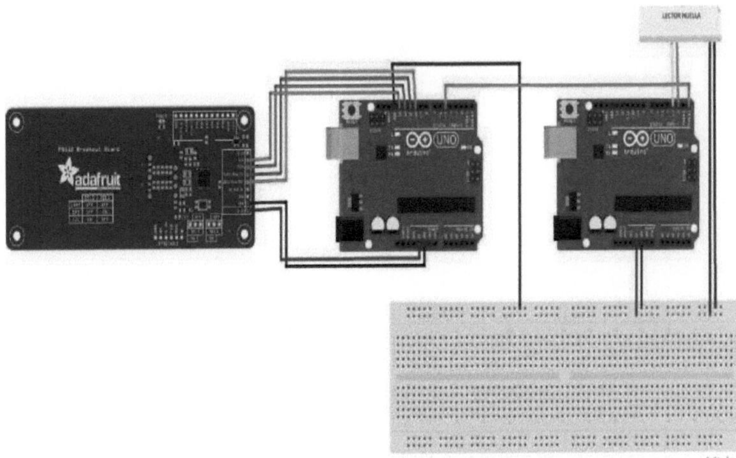

Fig. A-I: Representação esquemática das ligações entre os microcontroladores

yes
I want morebooks!

Buy your books fast and straightforward online - at one of world's fastest growing online book stores! Environmentally sound due to Print-on-Demand technologies.

Buy your books online at
www.morebooks.shop

Compre os seus livros mais rápido e diretamente na internet, em uma das livrarias on-line com o maior crescimento no mundo! Produção que protege o meio ambiente através das tecnologias de impressão sob demanda.

Compre os seus livros on-line em
www.morebooks.shop

info@omniscriptum.com
www.omniscriptum.com

Printed by Books on Demand GmbH, Norderstedt / Germany